André LAURENTI

LES TREMBLEMENTS DE TERRE DES ALPES-MARITIMES

HISTOIRE ET SENSIBILISATION

SERRE EDITEUR
1998

ISBN 2-86410-274-9

Au volcanologue Guy de Saint Cyr
pour m'avoir communiqué sa passion.

Au Directeur de Recherche Bruno Helly
pour sa confiance et sa connaissance.

A toute ma famille
pour leur soutien moral.

PREFACE

La publication de l'ouvrage qu'André Laurenti a consacré aux tremblements de terre des Alpes Maritimes fera date. Car, pourquoi ne pas le dire, il n'est pas facile de parler de sismicité dans la région de Nice et de Menton. Pour avoir vécu près de dix ans dans la région, lorsque j'étais en poste au Centre de Recherches Archéologiques de Sophia-Antipolis, j'ai bien connu ces difficultés, en préparant les 4e Rencontres Internationales d'Histoire et d'Archéologie d'Antibes (2-4 novembre 1983) consacrées aux *Tremblements de terre, histoire et archéologie* (Editions APDCA, Sophia-Antipolis, 1984).

Mais André Laurenti, grand voyageur de par le monde, a bien compris, comme il le dit, que "lorsqu'on vit éloigné de sa terre natale, il arrive toujours un moment où l'on se prend d'intérêt pour sa région". Cet intérêt s'est fixé, avec succès, sur l'histoire des séismes qui ont frappé les Alpes Maritimes au cours des siècles. L'enquête entreprise par A. Laurenti a été sérieuse, systématique et détaillée, elle s'est développée au cours de ces dernières années dans le cadre des programmes pluridisciplinaires du Centre Universitaire Européen de Ravello consacrés à la vulnérabilité des bâtis anciens dans les zones sismiques, programme inscrit dans le cadre d'un accord européen sur les risques naturels et technologiques majeurs du Conseil de l'Europe, EUR-OPA Risques. C'est ainsi que l'auteur a voulu examiner de plus près qu'on ne l'a jamais fait, à mon avis, à l'un des événements sismiques les plus importants de l'histoire de la région, le tremblement de terre du 23 février 1887. Ce séisme en effet, a été important, non seulement par ses caractéristiques géophysiques, mais il l'est aussi par sa date: il ne s'agit pas en effet d'un événement très éloigné de nous. Il est tout à fait dommageable qu'il ait été si soigneusement oublié, alors qu'il devrait servir de référence, pour les spécialistes bien sûr, mais aussi pour les autorités et la population elle-même.

On constate en effet que l'attention des autorités politiques et des spécialistes des catastrophes se concentre de plus en plus systématiquement aujourd'hui sur la notion de risque. On ne compte plus les ouvrages sur les risques naturels ou technologiques majeurs, les accidents et incidents, on multiplie les organismes et les institutions chargés d'évaluer, de prévenir, de compenser financièrement ou de quelque autre manière les risques.

Les risques se rencontrent partout, dans les manifestations de la nature et dans les constructions humaines. Mais "le risque" est, on l'oublie très souvent, un élément positif de celles-ci: plus qu'une stimulation, il est une dimension de toute action humaine. On peut dire qu'il n'existe pas de projet, de quelque nature qu'il soit, sans prise de risque. Mais, comme le montre bien le passage du singulier au pluriel, le contenu qu'aujourd'hui, dans les sciences comme dans les institutions, on reconnaît le plus normalement à la notion de risque laisse visiblement de côté cet aspect, au profit d'une compréhension beaucoup plus figée, objectivée, manipulable du terme. De ce penchant ou de cette évolution, comme on voudra, il est un signe qui ne trompe pas: la constitution d'un corps de disciplines que l'on veut appeler "les sciences du risque".

Il est cependant bien difficile de donner une définition générale de la notion de risque. Celle qui me paraîtrait la meilleure, d'une certaine façon, la substance du terme, pourrait être celle-ci: un risque, c'est une occurrence d'événement **par rapport à la certitude ou à l'incertitude**, que ces événements soient codifiés ou non codifiés, identifiés ou non identifiés, datés ou incrustés de façon permanente dans la réalité de la nature ou de la société[1].

Le complément, le corollaire de la notion de risque est celle de vulnérabilité. On ne peut pas en faire l'économie, car si le risque est le caractère inhérent à l'événement, la vulnérabilité caractérise, elle, le milieu dans lequel il se manifeste. De la vulnérabilité, les experts en catastrophes donnent une définition "positive", susceptible d'entrer dans des calculs à finalités techniques ou économiques, notamment les spécialistes des structures bâties dans le génie parasismique : «la vulnérabilité (V) d'une construction (ou d'un ensemble de constructions) est le rapport en pourcentage du coût des dégâts occasionnés (ou prévisibles par référence à une échelle des dégâts elle-même fonction de l'intensité) au coût global de la construction. Pour une intensité macrosismique I à Vl, on a V = O et pour une intensité I > IX à Xll, on a V = 100 %. La valeur de V diminue par l'application des règlements parasismiques»[2].

Une telle définition, qui est fondée sur des critères techniques et une évaluation économique, ne suffit cependant pas à épuiser la notion de vulnérabilité, notamment si l'on veut - et il le faut - intégrer dans l'analyse tous les aspects liés aux comportements humains dans les situations de risque. Les limites de la notion "technique" de vulnérabilité apparaissent en effet clairement, dans le constat suivant: la vulnérabilité, qui est toujours regardée comme un élément appliqué aux biens matériels, un critère d'évaluation des dommages, à ce titre figure toujours dans l'examen des conséquences de la catastrophe, jamais dans celui des causes possibles de dommages. Elle est considérée comme un élément pour ainsi dire "passif" dans l'analyse. Deux raisons à cela:

- ce classement tient d'une part à un mode de raisonnement entièrement orienté vers le quantitatif; il faut partir de "données observables", et les relevés de dommages se trouvent aptes à les fournir;

- mais il s'agit plus profondément aussi d'un mode de pensée, la manière d'appréhender la catastrophe: celle-ci est censée relever d'une cause unique, que l'on appelle hasard, fatalité (considérée comme le "hasard maximum"), qu'il s'agisse d'événements naturels ou d'accidents technologiques. L'accident, c'est "ce qui arrive" ce qui se produit", et il s'agit d'un fait en soi. La catastrophe, dans ce mode de pensée, est traitée comme un événement relevant du monde physique, où l'homme n'a pas et ne peut pas avoir sa part, sauf de manière secondaire (la faute).

Cette manière de comprendre la vulnérabilité ne peut pas satisfaire pleinement les chercheurs en sciences humaines. Cette divergence de vue entre les spécialistes des sciences humaines et ceux des sciences de la nature est évidemment fondée sur une appréciation différente du sens du terme "vulnérabilité": c'est d'abord une différence d'ordre sémantique. Dans les analyses des situations humaines, en effet, on ne peut pas éviter de considérer la vulnérabilité non pas comme une conséquence, mais comme une cause des dommages et finalement, dans nombre de situations, la cause de la catastrophe elle-même. Celle-ci est traitée non plus seulement comme un "accident", mais comme la rupture d'un système complexe, dans lequel l'état du système lui-même doit être lui aussi considéré comme l'une des causes, voire la cause principale des pertes et dommages engendrés par la catastrophe. La vulnérabilité ne se réduit plus seulement à une évaluation quantitative des dommages, mais devient un élément primordial dans une analyse globale de la fragilité ou de la résistance du système face à un événement naturel ou à un accident technologique qui en lui-même n'est pas la catastrophe.

Cette conception de la vulnérabilité représente un argument essentiel des méthodes d'analyse développées au CUEBC sur le problème de la protection des bâtis anciens en zones sismiques. On ne peut pas la remplacer par d'autre, par exemple par celle d'exposition au risque. Car on revient alors à une dissociation ruineuse entre deux éléments que l'on veut opposer, parce qu'ils seraient de natures distinctes:

- le risque d'une part, qui est lié à la nature physique ou aux réalisations technologiques matérielles (sites sensibles etc.)
- l'exposition au risque d'autre part, qui cherche à décrire, elle, la situation objective des gens, des choses par rapport à ce risque; cette exposition au risque peut être passive ou active, elle est toujours volontaire, en ce sens qu'elle résulte d'un choix (individuel ou collectif).

En fait ces deux éléments constituent les deux versants d'une même réalité.

Face à cette notion d'exposition au risque, la vulnérabilité, elle, au sens où nous devons l'entendre dans une analyse plus globale, est une disposition structurelle, et en quelque sorte "subjective", qui appartient en propre à la personne ou à l'objet qui va être touché par la catastrophe. Un édifice, ou un groupe social n'est pas seulement exposé, il est aussi et surtout plus ou moins vulnérable au risque, parce qu'en fonction des éléments intrinsèques qui les définissent ou les caractérisent, ce bâti, cette communauté vont réagir à la catastrophe, au choc sismique par exemple, d'une façon telle que les dommages seront plus ou moins importants. En ce sens, la notion de vulnérabilité permet de faire surgir, dans les analyses des situations de risques, au-delà du seul calcul des dommages, les apports des recherches historiques et anthropologiques, qui mettent en évidence non des lois, mais des situations et des comportements.

Pour autant, la position des spécialistes de sciences humaines, considérées généralement comme subsidiaires, parce que ces sciences semblent incapables de fournir des "données", n'en est pas véritablement confortée dans le domaine des sciences du risque, aux yeux des acteurs, des experts et des décideurs, voire aux yeux des chercheurs de ces disciplines eux-mêmes. Il faut en réalité faire un pas de plus, et prendre conscience que le problème a une tout autre dimension.

Soutenir en effet qu'il existe des événements occurrents d'une part, un pylône qui s'effondre, une énergie qui se libère à l'occasion d'un tremblement de terre, etc., et d'autre part des constructions sociales, qui sécrètent la notion de risque, c'est en réalité une fois de plus faire un pas en arrière. Entendons sur ce point la prise de position d'un chercheur au Centre de Sociologie de l'Innovation à l'Ecole des Mines de Paris, Bruno Latour:

"La notion de construction sociale est le pendant de la croyance dans les objets... La notion de construction sociale, qui obsède les sociologues, est la moitié, le pendant, la part qui échoie à ceux qui croient aux objets et à l'efficacité technique. Il n'y a aucun contenu dans la notion de construction sociale! La notion de construction sociale est un fantasme des sociologues et des anthropologues qui ont abandonné les objets aux ingénieurs...

"Opposer l'idée d'un contenu, d'occurrences d'un côté et la notion de construction sociale de l'autre, est précisément ce que j'ai voulu éviter... C'est deux fois la même chose. La notion de construction sociale revient à dire: nous avons, d'une part, des occurrences objectives que l'on peut décrire (par exemple le nombre de fois qu'une chaudière peut exploser, puisqu'au fond, c'est à l'Ecole des Mines et sur la question du risque des chaudières que s'est constituée une grande partie de cette juridiction, de ce droit); et, d'autre part, nous avons des pauvres types que les anthropologues trouvent respectables - parce qu'on a appris à les respecter mais, au fond, on les considère comme des pauvres types qui croient, qui ont un imaginaire modulant plus ou moins cette vérité...

"Ceci dit, c'est parfaitement raisonnable de couper en deux ces deux éléments et de dire: "la première chose à faire, c'est de rendre cela plus propre. On va d'abord mettre de côté le risque en soi. Et ensuite, on va s'intéresser aux représentations et aux constructions sociales". C'est faisable, ça a été fait. Ça a été fait *ad nauseam*. Je ne crois pas... que cela puisse continuer à être faisable"[3].

Ces remarques décrivent nettement le pas que nous avons voulu faire dans le cours de la recherche engagée au CUEBC ces dix dernières années. L'exigence de pluridisciplinarité que nous avons posée dès le début de nos travaux ne nous a pas conduits à seulement juxtaposer les analyses des géophysiciens, géologues et ingénieurs à celui des historiens, archéologues ou anthropologues. La démarche accomplie nous a conduit, croyons-nous, au-delà de l'échange de concepts, au-delà de l'enrichissement mutuel, qui fait que l'ingénieur chargé des calculs de structure dans telle opération de réhabilitation urbaine en zone sismique est devenu plus historien que l'historien lui-même. Tout en conservant la compétence et la pratique professionnelle propre à chacun de nous, nous n'avons pas déclaré par principe qu'il se trouvait d'un côté les spécialistes du risque sismique, de l'autre ceux des comportements sociaux.

La diversité, l'opposition de sens que les uns et les autres donnent à la notion de vulnérabilité n'a pas conduit à cantonner les uns dans le domaine de l'étude des phénomènes physiques, et les autres dans celui des sociétés. Si tel avait été le cas, on peut croire que ces derniers, les spécialistes des sciences humaines, auraient ainsi bien couru le risque, c'est l'occasion de le dire, de devenir des "vulnérabilitologues" distingués, selon la boutade de l'un de nos amis.

L'intérêt, au contraire, de "jouer" sur deux sens opposés de la notion de vulnérabilité a été de stimuler le professionnalisme des uns et des autres. En fait, la stimulation est venue, vient encore du fait que les deux notions de vulnérabilité ne sont pas dans le même système de pensée, qu'elles appartiennent, en quelque sorte, à deux systèmes incommensurables, au sens de

Feyerabend[4]. C'est-à-dire qu'il serait vain de vouloir transporter la représentation de l'une dans le système qui utilise l'autre. Mais dans la réalité, nous basculons sans cesse de l'un à l'autre de ces systèmes, qui ne sont pas des "sub-systèmes" d'un ensemble plus grand, mais tout simplement un vécu complexe, comme disent les sociologues. C'est ainsi que l'on peut comprendre et interpréter convenablement, et en définitive accepter, une situation paradoxale aux yeux des esprits rationnels et positifs: à savoir, comme on l'a souvent remarqué, que les zones où les risques sismiques ou volcaniques sont les plus grands sont aussi les plus peuplées. Face à cette situation, il ne suffit pas de dire que les risques encourus sont compensés par d'autres avantages, la qualité des sols, l'abondance des ressources, etc. Cette manière de construire une balance entre les aspects négatifs et les aspects positifs d'une situation ne répond pas à la question.

Le grand problème des experts en matière de risque, c'est de ne pas accepter, du fait de leur formation scientifique, ce vécu. Par exemple, comment faire admettre à un expert de la protection civile, qu'en cas de catastrophe, ce n'est pas lui l'acteur principal? car l'acteur principal, dans la réalité, c'est la population elle-même. Mais pour les experts, si la catastrophe se produit, il n'y a plus de population, il n'y a que des victimes...

C'est le rôle de la science que de réduire la complexité à la complication. Ecoutons une fois encore Bruno Latour: "la complexité, cela consiste à embrasser à un moment donné simultanément un grand nombre de variables; la complication, cela consiste à embrasser à un moment donné un petit nombre de variables, idéalement deux, en pliant un grand nombre de boîtes noires les unes dans les autres. Quand on a une situation compliquée, à tout moment, on n'a que deux éléments à considérer...

"Des piles de boîtes noires les unes sur les autres construisent donc une société qui est très compliquée, mais qui n'est jamais complexe. Dès que la complexité commence à s'y loger, que se passe-t-il? Ça casse ! Les très beaux exemples accumulés dans les cas de crise correspondent précisément au retour de la complexité dans des situations qui doivent rester compliquées"[5].

Le langage de la rationalité n'apporte donc aucune solution au problème de la réduction des risques en zones sismiques et des risques en général, si l'on peut dire. Un constat que peuvent faire tous les observateurs de bon sens le confirme: les instruments de connaissance se développent, les techniques (de prévention, de confortement, de sauvetage, etc.) progressent, et malgré cela, malgré tout le déploiement d'ingéniosités, d'énergies et de finances que nous pouvons observer aujourd'hui (mais il a existé bien plus anciennement qu'aujourd'hui ou même hier seulement) **la vulnérabilité des communautés augmente**.

Augmentent aussi du même coup les accidents, les désastres, les catastrophes et, dans tous les cas, s'engage la quête d'un bouc émissaire, la recherche des responsables, ceux qui n'ont pas su prévoir ni prévenir l'événement, éviter les victimes et les dommages. Le complément inévitable de la notion de vulnérabilité se trouve dans celle de responsabilité. Alors que la crise, la catastrophe, menace de "faire sombrer le collectif", selon la formule de Bruno Latour, la quête des responsables permet de surmonter la peur, elle est en quelque sorte un rite indispensable au rétablissement de l'ordre, à la restauration de la routine.

Pour faire face à cette situation équivoque où vulnérabilité et responsabilité se polarisent l'une en face de l'autre, nos sociétés modernes hypertechnologisées n'ont trouvé qu'une réponse, l'appel à des experts et elle s'efforce d'en développer le nombre, de diversifier toujours davantage leurs compétences et leurs champs d'activité. Et chacun d'entre eux, dans son (petit) domaine hyperspécialisé, veut introduire toujours davantage de rationalité, il veut toujours davantage être "expert".

Mais il faut en fait revenir aux bases du fonctionnement du système lui-même, du collectif. Que sont donc les experts? Ils sont à la fois les porte-parole, les représentants de ce que l'on sait ou croit savoir sur les choses - ce sont des scientifiques, le corpus de connaissances des communautés auxquelles ils appartiennent et qu'ils représentent vise à manipuler le réel en vue d'obtenir certains résultats. Ils sont aussi les intermédiaires entre le domaine politique et le domaine scientifique, mais souvent c'est à eux que les politiques renvoient les prises de décisions, au nom du principe qu'ils sont "ceux qui savent". Et l'on parle alors de l'abus des experts, du totalitarisme de l'expertise. Les experts eux-mêmes se verraient volontiers hors du système, comme des juges célestes situés au-dessus des tribulations du monde.

On oublie, on feint d'oublier que l'expert n'existe jamais seul. Dans l'analyse de Bruno Latour, "ce qui nous intéresse dans l'expert, c'est le réseau associé à l'expert, donc le collectif, le collectif en controverse, le centre de calcul, les modes de connaissance dont il dispose, etc. L'expert se dissout déjà parce qu'il devient extrêmement incarné, collectivisé, etc. C'est un expert dont on doute et ce n'est déjà plus un expert dont on attend quelque chose... L'expert disparaît à partir du moment où l'on considère qu'il est l'un des porte-parole d'une certaine assemblée, d'un certain *constituency*, d'une base si vous voulez, mais au milieu des autres. On n'a plus la division entre les experts qui représentent les faits et les politiques qui représentent les valeurs. Cette division est revendiquée par tous les gens qui parlent de la modernisation. Ce sont tous des modernes, tous des gens qui croient qu'on va enfin faire la distinction entre faits et valeurs et qui disent que, sans cela, le ciel va nous tomber sur la tête... On ne va pas moderniser la planète, plus personne n'y croit. Par contre, gérer des collectifs de tailles variables, cela, probablement, on peut le faire"[6].

S'en suit, par rapport au problème qui a été posé aux chercheurs du CUEBC, celui de la vulnérabilité des bâtis anciens en zones sismiques, la nécessité d'engager des travaux de recherche sur le fonctionnement de certains de ces "collectifs" (nous disons "communautés humaines"), tels qu'ils existent ou ont pu exister dans différents espaces et à différentes époques. Ces recherches ont été engagées, voici maintenant dix années, par la constitution progressive d'une "sélection" (au sens recherche de recherche des paradigmes) des situations et lieux d'étude susceptibles de contrôler le fonctionnement des groupes humains et des communautés dans les zones à risques sismiques.

Les travaux conduits par les chercheurs du CUEBC dans le cadre du programme européen EUR-OPA Risques majeurs du Conseil de l'Europe, ont permis de définir et de tester un certain nombre de principes de recherche. Dans les régions à risque sismique, l'étude du bâti existant présente un double intérêt:

- l'étude des comportements des édifices sous charge sismique est fonction de la typologie, des matériaux, des techniques constructives, mais aussi des comportements des hommes et des communautés qui les ont construits et utilisés; l'interprétation des comportements des édifices passe donc par l'étude des éléments matériels actuellement observables (sols, structures, etc.) mais aussi par l'étude de leur évolution dans le temps, c'est-à-dire de leur histoire;
- cette histoire, appréhendée quelquefois dans les sources écrites, l'est plus encore par une "lecture archéologique" des traces matérielles (dommages, réparations, renforcements et confortements, transformations subies au fil du temps) et constitue donc un apport non négligeable à la sismicité historique.

Le bénéfice est double: en traitant les édifices comme sources d'informations directes, on tire des observations à la fois sur leurs comportements propres et sur l'histoire sismique qu'ils ont vécue.

La reconstitution de cette histoire permet de définir les réactions des communautés elles-mêmes, la prise en charge collective du risque aux différents moments de cette histoire. C'est par elle également que, les expériences du CUEBC en apportent la preuve, les communautés actuelles peuvent récupérer la conscience de cette nécessaire prise en charge des risques.

Il est apparu que ces problèmes doivent être abordés au niveau régional ou local. Le CUEBC a porté son attention sur la notion de cultures sismiques locales (CSL), qui sont présentes ou absentes selon les degrés de récurrence des événements sismiques, mais aussi selon les époques et les degrés de développement des communautés elles-mêmes.

Mais, dans la bouche des experts, quand il s'agit d'études historiques, un constat revient comme un leit-motiv : "*the lack of seismological and geological data for the preinstrumental period*". On tente donc par tous les moyens de surmonter ou de contourner cette difficulté, le plus souvent par l'exploration de méthodes statistiques et de calculs permettant de traiter les données manquantes, les données imprécises, etc. La recherche (la chimère?) de l'exhaustivité se manifeste notamment par la construction de tableaux d'événements "calculés" et une comparaison de ces tableaux avec le nombre des événements observés ou relatés dans les sources. Mais on constate que la comparaison n'a de sens que pour les temps actuels, sur un intervalle de temps très court, d'une vingtaine d'années. Ainsi se renforce l'idée, déjà largement répandue, que plus on remonte dans le temps, moins on doit attendre d'informations. On ne se pose pratiquement pas la question de savoir s'il existe d'autres sources, d'autres moyens d'obtenir des informations, mêmes indirects.

On vise à s'appuyer sur des modèles complètement déterministes, même si, parce qu'on ne peut pas faire autrement, on doit se fonder sur l'évaluation des intensités. Évidemment, seuls les événements macrosismiques sont pris ici en compte, puisqu'on considère qu'eux seuls ont pu provoquer des dommages. On prend naturellement la précaution de signaler que l'intensité reflète aussi la vulnérabilité des structures endommagées. Mais finalement on fait confiance aux valeurs d'intensité directement observées sur une longue durée (qui en fait n'excède pas deux siècles, voire beaucoup moins). On soutient enfin et toujours qu'il faut parvenir à quantifier les informations de sources non instrumentales concernant les événement sismiques antérieurs à ce siècle, en termes de paramètres (extension des failles, durée du tremblement de terre, classification des dommages). On recherche donc la "clé" qui, sous certaines conditions, permettra de traduire en termes quantitatifs la ou les descriptions des dommages contemporaines d'un événement et par là d'insérer ces évaluations dans les classes de dommages de l'échelle actuellement utilisée (EMS).

En fait, on baptise du terme "macrosismique" un grand nombre d'événements simplement parce qu'ils ont provoqué des dommages, en ne tenant pas vraiment compte de trois éléments essentiels:

- que certains événements sismiques qualifiés de "faibles" peuvent provoquer plus de dégâts que certains autres beaucoup plus forts;
- que la vulnérabilité n'est pas une valeur en soi, puisqu'elle dépend de situations globales (dynamique de la communauté, d'où entretien ou manque d'entretien des bâtis, etc.);
- que l'évaluation de l'intensité par l'analyse des sources (déclarations de dommages ou des montants des subisdes et aides apportées pour la reconstruction ou la réparation, mais aussi relations des fouilles archéologiques, etc.) doit être appuyée sur une sévère critique, qui relève évidemment d'abord de l'historien.

Il apparaît que l'on reste dans le champ des sources écrites et dans celui d'une recherche historique portant sur des périodes de temps très courtes et très proches de l'actuel: la fenêtre, comme l'on dit, correspond aux deux derniers siècles ou à peine davantage. On considère qu'à partir de là l'historien doit passer le relais et que la sismologie historique cède alors la place à l'archéosismologie.

On définit l'archéosismicité comme une "branche de la paléosismologie" consacrée à l'étude et à l'interprétation des paramètres essentiels des forts tremblements de terre du passé (*large earthquakes*) à partir de l'observation des vestiges de structures dans les établissements humains depuis le néolithique jusqu'à l'époque moderne. Trois types de structures sont prises en compte : (i) socles rocheux naturels et rochers repérables dans les établissements humains; (ii) vestiges archéologiques de constructions en pierre; (iii) ruines et constructions architecturales monumentales encore existantes. Le but est non seulement d'établir la matérialité des tremblements de terre destructifs en eux-mêmes, mais aussi d'estimer leurs paramètres (intensité, extension, datation, magnitude, dans les meilleurs cas aussi le mécanisme de la source) et enfin de les utiliser dans l'évaluation du risque sismique.

Cette définition et encore davantage cette liste des objets d'étude permettent de faire trois constats:

- qu'on est encore loin de prendre en compte tous les lieux qui portent la marque d'une activité humaine aux différentes échelles, (grottes, éléments de structuration des paysages, cadastres, etc.),
- qu'on établit une classification dans laquelle les historiens ont du mal à se reconnaître;
- que la tendance des géophysiciens est encore et toujours à construire eux-mêmes cette archéosismologie, avec les risques que cela comporte, au lieu d'obtenir des archéologues qu'ils y contribuent.

On affirme que l'identification et la datation des paléoséismes sont essentiels pour comprendre le comportement des failles actives sur le long terme, puisque, en fait, la séismicité instrumentale et la sismicité historique sont limitées à un intervalle de temps beaucoup trop court par rapport aux cycles d'activité des failles elles-mêmes. On doit observer que ces méthodes sont coûteuses en temps et en argent (y compris pour les analyses et datations qui doivent suivre les travaux de terrain).

Une fois encore, on pose *a priori* une limite entre une sismicité forte et une sismicité faible: seuls les "*large earthquakes*" sont censés provoquer des déformations de sols observables. En fait, on a le sentiment que le choix préférentiel de l'approche par la paléosismicité découle principalement du fait que les méthodes des sciences naturelles sont seules requises pour la détermination des paramètres essentiels (localisation, géométrie, mesures des déplacements, extension des ruptures, récurrence et intervalle de temps entre événements successifs) et que les résultats quantitatifs obtenus par ces méthodes sont ainsi directement utilisables, une qualité que l'on ne trouve pas dans l'interprétation des informations tirées des sources archéologiques et historiques.

L'étude des événements de faible sismicité (*low earthquakes*) devient cependant indispensable, dans nos régions européennes, pour fonder une évaluation du risque sismique. Cette estimation du risque est fortement influencée par trois éléments essentiels:

- les estimations différentes que l'on a faites ou que l'on peut faire sur le caractère exhaustif ou non exhaustif des données sur tel ou tel intervalle de temps;
- les interprétations différentes, voire contradictoires, que l'on peut faire de tels ou tels séismes "clés" de l'époque historique pour une région ou même pour des aires beaucoup plus larges (Méditerranée orientale par ex.);
- les changements introduits dans la limite inférieure assignée à la magnitude supposée pour la région source de la sismicité. Ce sont tout particulièrement ces variations qui peuvent avoir une forte influence sur l'évaluation du risque sismique portant sur de relativement courtes périodes de récurrence (inférieures à 500 ans).

Pour tenter d'apporter quelques informations supplémentaires pour éclairer ces situations, l'analyse du bâti ancien (antérieur à 1850) dans nos régions constitue la cible privilégiée des recherches à entreprendre, car ce bâti est difficilement modélisable; en revanche les apports successifs des générations en rendent très riche la lecture. Ce bâti constitue l'essentiel des centres anciens des villes, mais aussi et surtout des bourgs et des villages de la région. On doit considérer que ces bâtis anciens représentent **bien plus de 50 %** de tout le patrimoine immobilier existant dans les Alpes Maritimes, comme c'est aussi le cas dans la plupart des régions de l'Europe entière. Il est donc évident et nécessaire d'appréhender ce bâti ancien en tant que tel, dans son histoire, pour répondre aux préoccupations des autorités de la région en matière de risque naturel et plus particulièrement sismique.

Suivant les méthodes d'analyse élaborées depuis bientôt dix ans par le CUEBC, on peut attendre des réponses concrètes:

- en matière de connaissance de la vulnérabilité des bâtis existants, la connaissance des structures bâties dans leur contexte historique, leur utilisation au cours du temps, y compris les déformations ou déviations qu'elles ont connues de la part de ceux qui les ont utilisées, la connaissance des comportements des communautés elles-mêmes.

- un zonage de vulnérabilité du bâti selon les types de constructions, les situations, etc.
- en matière de techniques, la connaissance des techniques constructives anciennes et traditionnelles, et spécialement celle des éléments particuliers qui peuvent être considérés comme relevant d'une "culture anti-sismique" empirique, mais efficace (les bâtis anciens qui les révèlent existent encore, ils ont surmonté l'épreuve de manière positive).
- en matière de sismicité historique: les compléments de connaissance sur des événements ou des périodes d'activité déjà connues par les sources historiques écrites, mais aussi, et c'est là l'essentiel, la connaissance d'événements ou de périodes pour lesquels aucune source d'archive n'existe plus.
- l'évaluation de ces connaissances, techniques et cultures des communautés par des comparaisons avec d'autres bâtis similaires et significatifs déjà étudiés dans d'autres régions européennes où le risque sismique est de même nature ou plus fort encore.

Les observations qui précèdent partent d'un constat: si nous devons aujourd'hui nous préoccuper de la protection des bâtis anciens dans les zones à risques sismiques, c'est parce que monuments et édifices anciens des centres historiques de nos villes ont survécu à tous les événements sismiques qui se sont manifesté dans ces mêmes régions.

Les recherches engagées depuis dix ans par des experts de nombreuses disciplines et originaires de tous les pays européens concernés, ont montré non seulement que les travaux de réparation et de reconstruction après des séismes importants ont permis de développer des réponses techniques précises, mais aussi que les édifices anciens existants dans des zones régulièrement affectées par les tremblements de terre ont très souvent été construits selon des techniques antisismiques très élaborées. Ces techniques apparaissent clairement à la fois dans les monuments et dans l'architecture vernaculaire, c'est-à-dire dans les habitations et édifices qui constituent aujourd'hui la plus grande partie du patrimoine architectural de nos cités.

Une différence essentielle est à prendre en compte à ce point de l'analyse: les monuments sont propriété de la puissance publique, l'état, et les interventions que l'on y effectue sont assurées par les organismes de tutelle qui sont tous hautement qualifiés en ce domaine. Les monuments, en conséquence, sont bien protégés. Les constructions vernaculaires, au contraire, relèvent la plupart du temps de la propriété privée, les interventions qui y sont effectuées sont faites par des techniciens locaux qui n'ont pas toujours les compétences spécialisée requises. De plus, les constructions anciennes construites avec des techniques antisismiques traditionnelles ont souvent subi des modifications et des transformations qui n'ont pas souvent respecté les plans ni les structures d'origine, et dans l'ignorance complète des techniques d'intervention qui sont aujourd'hui considérées comme les plus pertinentes.

L'ignorance dans laquelle nous sommes aujourd'hui sur la nature précise des techniques antisismiques traditionnelles, sur leurs origines et leur efficacité, a eu pour conséquence en particulier une augmentation importante de la vulnérabilité physique des édifices anciens les plus ordinaires, ceux dont les coûts de construction étaient autrefois les plus faibles.

Souvent on n'a pas compris que tel élément de la construction, qui peut apparaître à première vue comme purement décoratif, avait aussi une fonction antisismique précise; ou bien que tel renforcement a au contraire modifié profondément le comportement dynamique de l'édifice, par exemple le remplacement de couvertures traditionnelles légères par des couvertures en béton, jugées "plus résistantes".

Aujourd'hui, après un séisme, les interventions des experts et des techniciens, qui ignorent souvent tout des traditions techniques locales, suivent deux scénarios caractéristiques: ou bien on sous-estime le risque d'écroulement d'un édifice parce qu'il porte seulement quelques traces de dommages(et le risque augmente, car on ne tient pas compte de son comportement possible lors d'un éventuel choc ultérieur), ou bien on prend des marges de sécurité excessives, en considérant l'édifice comme irrécupérable alors qu'en fait il ne l'est pas vraiment.

Dans la phase de reconstruction, les matériaux locaux et les techniques locales de construction sont souvent abandonnées au profit de matériaux "importés" qui ne peuvent pas être eux-mêmes réparés. Il en résulte une perte de la culture de l'entretien, ce qui ouvre la voie à une augmentation de la vulnérabilité.

En engageant une réévaluation des techniques antisismiques traditionnelles, au contraire, il devient possible d'avoir une action de prévention plus efficace, d'augmenter l'efficacité des opérations de secours, et, en définitive, de diminuer, par cette réhabilitation, les dommages. Par comparaison avec les enjeux, qui sont la protection des vies humaines et des biens, la protection des bâtis anciens dans les zones sismiques n'apparaît pas, on peut bien le penser, comme un "luxe" culturel et désintéressé.

Ces considérations, pour trop longuement développées qu'elles soient, visent à mettre encore un peu plus en lumière les questions qu'André Laurenti pose dans son dernier chapitre consacré à "Prévention et sensibilisation". Je souhaite que ces questions retiennent de plus en plus nettement l'attention de tous ceux auxquelles l'auteur les adresse et que son ouvrage contribue avant tout à rendre aux communautés humaines de la région la "culture sismique" qu'elles ont su élaborer au cours des siècles et qui est nécessaire, je crois, à leur développement.

Bruno HELLY
Directeur de recherche au CNRS
Responsable scientifique du programme
"Bâtis anciens dans les zones à risque sismique"
du CUEBC, Ravello (Italie)
(EUR-OPA Risques, Conseil de l'Europe)

AVANT-PROPOS

Le choix d'un tel sujet a probablement été induit par les différentes expéditions sportives que j'ai menées à travers le monde.
Lorsqu'on vit éloigné de sa terre natale, il arrive toujours un moment où l'on se prend d'intérêt pour sa région.
L'idée a finalement germé en avril 1989 par le coup de foudre que j'ai éprouvé lors d'un face à face avec une éruption volcanique.
Tout a commencé en effet, sur les pentes abruptes de mon premier volcan actif, le Stromboli. J'étais alors, en compagnie du volcanologue Guy de Saint-Cyr et de quelques amis. La passion extraordinaire de Guy et sa faculté de la communiquer, m'enthousiasmaient, inconsciemment il me transmettait son virus. Il est vrai que se trouver à quelques mètres seulement d'un gigantesque rideau incandescent dans un vacarme assourdissant, il n'est pas meilleur spectacle que la nature puisse nous offrir. Le fait de sentir ce monde en perpétuel mouvement, on a le délicieux privilège de devenir le témoin de la création de la planète. Ces moments d'une incroyable intensité, marquent pour toujours une vie.
Dès mon retour, il fallait à tout prix entreprendre quelque chose. Seulement la pauvreté de la Côte d'Azur en matière de volcanisme*, m'invitait à m'orienter plutôt vers une occupation de substitution : les séismes.

** Au cours de mes recherches, j'ai pu constater que de nombreuses personnes attribuaient au Berceau au dessus de Menton, au Mont-Agel et au Mont-Chauve, le terme de volcan. Il s'agit là purement d'idées préconçues, voire même d'une légende liée probablement à la forme conique des sommets. Ces montagnes font partie de la chaîne alpine formée par plissement depuis l'Eocène, il y a 65 millions d'années, avec un processus plus marqué au Miocène. Cette lente surrection se poursuit encore de nos jours.*
Toutefois, s'il est vrai que nos volcans les plus connus se situent au cœur du Massif Central, certains autres, en revanche, généralement fort méconnus, jouxtent directement nos rivages. En effet, la Côte d'Azur a bien connu des manifestations volcaniques.
Tout d'abord au Permien, à la fin de l'ère primaire, il y a de cela 270 à 250 M.A., donnant naissance au magnifique massif de l'Estérel.
Une seconde période active eut lieu au Tertiaire, il y a 30 M.A. avec un volcanisme de subduction, à nouveau dans l'Estérel, mais aussi entre Biot et Villeneuve-Loubet, donnant naissance au volcan du Terme Blanc, dont on peut voir encore les traces de nos jours, le long de l'autoroute et au Cap d'Antibes. Dans le département, il y eut d'autres secteurs d'activité, notamment à St Antonin et à proximité de Cap d'Ail, donnant les roches andésitiques que l'on peut observer au Cap Mala.
A peu près à la même époque, un volcanisme d'ouverture se manifesta dans les secteurs de St Tropez et du Beausset, lié par la désolidarisation du bloc Corso-Sarde.

Je me plongeais d'emblée dans un travail de recherche sur archives et l'idée me vint de prendre la plume pour retracer l'histoire du tremblement de terre qui endeuilla toute la Ligurie, le mercredi 23 février 1887.
Souvent évoqué par ma grand-mère, cet évènement fait tout de même partie du patrimoine culturel de la région. De nos jours, ce phénomène est trop ancien pour appartenir à la mémoire collective, aussi dans la tradition, j'ai voulu transmettre un souvenir oublié.
Cet exercice devenait périlleux et était sans cesse remis en question. Mais le 5 juin 1993, je me rendais au colloque de Vernègues près de Salon de Provence, dont le thème était axé sur le risque sismique en moyenne Durance. Cela m'a permis de côtoyer les spécialistes de la géophysique, de la tectonique, de la géologie et de la sismicité historique.
La présentation de mon travail était fort bien accueilli et récompensé par une invitation à un stage intensif d'une semaine à Ravello près de Naples, pour le compte du réseau européen PACT, des experts du bâti ancien dans les zones à risques sismiques. Grâce à ce séminaire j'affinais l'orientation du projet et j'acquiesçais une méthode de travail rigoureuse, notamment en ce qui concerne l'interprétation des sources.
Ainsi j'ai pu m'apercevoir que la sismicité historique des Alpes-Maritimes, comportait de nombreuses inexactitudes dues à une mauvaise qualité de l'information nourrie par un certain nombre d'idées reçues qui ne font qu'entretenir ce climat de peur. Il m'a paru donc nécessaire et indispensable d'effectuer une mise au point.
Mais l'objectif essentiel n'en reste pas moins celui de rassurer, de sensibiliser, d'informer la population afin que celle-ci puisse mesurer et apprécier le degré de risque qui nous guette et de comprendre qu'en fait, on est bien loin du scénario catastrophe que certaines personnes se plaisent à entretenir.

La magnitude :

C'est la mesure de l'énergie libérée par le séisme au foyer, mais elle ne détermine pas l'effet destructeur en surface. Les effets en surface dépendent de la magnitude du séisme, de la profondeur du foyer (hypocentre) et de la distance entre l'épicentre (point en surface situé à l'aplomb du foyer) et les habitations.
La magnitude est généralement déterminée à partir de l'échelle de Richter et comporte 9 degrés.

L'intensité :

Pour l'intensité il existe une autre échelle, elle est l'expression des effets en surface, en particulier sur les personnes, sur les constructions et les sites naturels. L'intensité varie selon l'éloignement de l'épicentre et la nature du sol. L'échelle qui caractérise l'intensité s'appelle l'échelle MSK (Medvedev, Sponhever, Karnik) dérivée de l'ancienne échelle de Mercalli. Elle comporte 12 degrés et sont donnés en chiffres romains. C'est précisément cette échelle qui sera utilisée dans cet ouvrage.

Echelle macrosismique d'intensité (MSK 1964)

1 - Terminologie et classification des termes utilisés dans l'échelle

1 — Classification des constructions (constructions non antiséismiques)

— Type A : maisons en argile, pisé, briques crues ; maisons rurales ; constructions en pierres tout venant ;

— Tye B : constructions en briques ordinaires ou en blocs de béton ; constructions mixtes maçonnerie-bois ; constructions en pierres taillées ;

— Type C : constructions armées ; constructions de qualité en bois.

2 — Définition des termes de quantités

Quelques : 5 % environ
Beaucoup, nombreux : 50 %
La plupart : 75 %

3 — Degrés d'endommagement des constructions

1er degré : dommages légers : fissurations des plâtres ; chutes de petits débris de plâtre.

2e degré : dommages modérés : fissurations des murs ; chutes d'assez gros blocs de plâtre, chutes de tuiles ; fissurations de cheminées ou chutes de parties de cheminées.

3e degré : sérieux dommages : lézardes larges et profondes dans les murs ; chutes de cheminées.

4e degré : destruction : brèches dans les murs : effondrements partiels éventuels ; destruction de la solidarité entre parties différentes d'une construction ; destruction de remplissages ou de cloisons intérieures.

5e degré : dommage total : effondrement total de la construction.

4 — Effets considérés dans l'échelle

Effets sur les personnes et leur environnement ;
Effets sur les structures de toute nature ;
Effets sur les sites naturels.

2 - Degré de l'échelle d'intensité

Degré I - Secousse non perceptible

L'intensité de la vibration se situe en dessous du seuil de perception humaine ; la secousse est détectée et enregistrée seulement par les séismographes.

Degré II - Secousse à peine perceptible

La secousse est ressentie seulement par quelques individus au repos dans leur habitation, plus particulièrement dans les étages supérieurs des bâtiments.

Degré III - Secousse faible ressentie seulement de façon partielle

La secousse est ressentie par quelques personnes à l'intérieur des constructions et n'est ressentie à l'extérieur qu'en cas de circonstances favorables. La vibration ressemble à celle causée par le passage d'un camion léger. Des observateurs attentifs notent un léger balancement des objets suspendus, balancement plus accentué dans les étages supérieurs.

Degré IV - Secousse largement ressentie

Le séisme est ressenti à l'intérieur des constructions par de nombreuses personnes et par quelques personnes à l'extérieur. Des dormeurs isolés sont réveillés mais personne n'est effrayé. La vibration est comparable à celle due au passage d'un camion lourdement chargé. Les fenêtres, les portes et les assiettes tremblent. Les planchers et les murs font entendre des craquements. Le mobilier commence à être secoué. Les liquides contenus dans des récipients ouverts s'agitent légèrement. Les objets suspendus se balancent légèrement.

Degré V - Réveil des dormeurs

Le séisme est ressenti à l'intérieur par tout le monde et à l'extérieur par de nombreuses personnes. De nombreux dormeurs s'éveillent, quelques-uns sortent en courant. Les animaux sont nerveux. Les constructions sont agitées d'un tremblement général. Les objets suspendus sont animés d'un large balancement. Les tableaux cognent sur les murs ou sont projetés hors de leur emplacement. En certains cas, les pendules à balancier s'arrêtent. Les objets peu stables peuvent être renversés ou deplacés. Les portes ou les fenêtres ouvertes battent avec violence. Les liquides contenus dans des récipients bien remplis se répandent en petite quantité. La vibration est ressentie comme celle due à un objet lourd dégringolant dans le bâtiment.

De légers dommages du 1er degré sont possibles dans les bâtiments de type A.

Modification en certains cas du débit des sources.

Degré VI - Frayeur

Le séisme est ressenti par la plupart des personnes, aussi bien à l'intérieur qu'à l'extérieur des bâtiments. De nombreuses personnes sont effrayées et se précipitent vers l'extérieur. Quelques personnes perdent l'équilibre. Les animaux domestiques s'échappent de leur stalle. Dans quelques cas, les assiettes et les verres peuvent se briser ; les livres tomber. Le mobilier lourd peut se déplacer et dans les clochers les petites cloches peuvent tinter spontanément.

Dommages du 1er degré dans quelques constructions du type B et dans de nombreuses constructions du type A. Dans quelques bâtiments de type A, dommages du 2e degré.

En certains cas, des crevasses de l'ordre du centimètre peuvent se produire dans les sols détrempés, des glissements de terrains peuvent se produire en montagne ; on peut observer des changements dans le débit des sources et le niveau des puits.

Degré VII - Dommages aux constructions

La plupart des personnes sont effrayées et se précipitent au-dehors. Beaucoup ont de la difficulté à rester debout. La vibration est ressentie par des personnes conduisant des voitures automobiles. De grosses cloches se mettent à sonner.

Dans de nombreux bâtiments du type C, dommages du 1er degré ; dans de nombreux bâtiments de type B, dommages du 2e degré. De nombreux bâtiments de type A sont endommagés au 3e degré et quelques-uns au 4e degré. Dans quelques cas, glissement des routes le long des pentes raides ; fissures en travers des routes ; joints de canalisations endommagés ; fissures dans les murs de pierres.

Des vagues se forment sur l'eau et celle-ci est troublée par la boue mise en mouvement. Les niveaux d'eau dans les puits et le débit des sources changent. Dans quelques cas, des sources taries se remettent à couler et des sources existantes se tarissent. Dans des cas isolés des talus de sable ou de gravier s'éboulent partiellement.

Degré VIII - Destruction de bâtiments

Frayeur et panique : même les personnes conduisant des voitures automobiles sont effrayées. Dans quelques cas des branches d'arbres cassent. Le mobilier, même lourd, se déplace ou se renverse. Les lampes suspendues sont endommagées en partie.

De nombreux bâtiments du type C subissent des dommages du 2e degré et quelques-uns du 3e degré ; quelques bâtiments de type B sont endommagés au 3e degré et quelques-uns au 4e degré. De nombreux bâtiments du type A sont endommagés au 4e degré et quelques-uns au 5e degré. Ruptures occasionnelles de joints de canalisations. Les monuments et les statues se déplacent ou tournent sur eux-mêmes. Les stèles funéraires se renversent. Les murs de pierres s'effrondrent.

De petits glissements de terrains peuvent se produire dans les ravins et le long des routes en talus sur de fortes pentes.

Les crevasses dans le sol atteignent plusieurs centimètres de largeur. L'eau des lacs devient trouble. De nouvelles retenues d'eau se créent dans les vallées. Des puits asséchés se remplissent et des puits existants se tarissent. Dans de nombreux cas, changement dans le débit et le niveau de l'eau.

Degré IX - Dommages généralisés aux constructions

Panique générale ; dégâts considérables au mobilier. Les animaux affolés courent dans toutes les directions et poussent des cris.

De nombreux bâtiments du type C subissent des dommages du 3e degré, quelques-uns du 4e degré. De nombreux bâtiments du type B subissent des dommages du 4e degré et quelques-uns du 5e degré. De nombreux bâtiments du type A sont endommagés au 5e degré. Les monuments et les colonnes tombent. Dommages considérables aux réservoirs au sol ; rupture partielle des canalisations souterraines. Dans quelques cas, des rails de chemins de fer sont pliés, des routes endommagées.

Des projections d'eau, de sable et de boue sur les plages sont souvent observées. Les crevasses dans le sol atteignent 10 cm ; elles dépassent 10 cm sur les pentes et les berges des rivières. En outre, un grand nombre de petites crevasses s'observent dans le sol ; chutes de rochers ; nombreux glissements de terrain ; grandes vagues sur l'eau ; des puits asséchés peuvent retrouver leur débit et des puits existants peuvent s'assécher.

Degré X - Destruction générale des bâtiments

De nombreux bâtiments de type C subissent des dommages du 4e degré et quelques-uns du 5e degré. De nombreux bâtiments du type B subissent des dommages du 5e degré ; la plupart des bâtiments du type A subissent des destructions du 5e degré ; dommages dangereux aux barrages et aux digues ; dommages sévères aux ponts. Les lignes de chemin de fer sont légèrement tordues. Les canalisations souterraines sont tordues ou rompues. Le pavage des rues et l'asphalte forment de grandes ondulations.

Les crevasses du sol présentent des largeurs de plusieurs centimètres et peuvent atteindre 1 m. Il se produit de larges crevasses parallèlement aux cours d'eau. Les terres meubles s'éboulent le long des pentes raides. De considérables glissements de terrain peuvent se produire dans les berges des rivières et le long des rivages escarpés. Dans les zones littorales, déplacements de sable et de boue ; changement des niveaux d'eau dans les puits ; l'eau des canaux, des lacs, des rivières est projetée sur la terre. De nouveaux lacs se créent.

Degré XI - Catastrophes

Dommages sévères même aux bâtiments bien construits, aux ponts, aux barrages et aux lignes de chemins de fer ; les grandes routes deviennent inutilisables ; les canalisations souterraines sont détruites.

Le terrain est considérablement déformé aussi bien par des mouvements dans les directions horizontales et verticales que par de larges crevasses, de nombreux glissements de terrains et chutes de rochers. La détermination de l'intensité de la secousse nécessite des investigations spéciales.

Degré XII - Changement du paysage

Pratiquement toutes les structures au-dessus et au-dessous du sol sont gravement endommagées ou détruites.

La topographie est bouleversée. D'énormes crevasses accompagnées d'importants déplacements horizontaux et verticaux sont observés. Des chutes de rochers et des affaissements de berges de rivières s'observent sur de vastes étendues. Des vallées sont barrées et transformées en lacs ; des cascades apparaissent et des rivières sont déviées. La détermination de l'intensité nécessite des investigations spéciales.

CHAPITRE PREMIER

Regard sur la sismicité historique des Alpes-Maritimes

I – Présentation

Imprévisibles et inévitables en de multiples endroits de la planète, les tremblements de terre sont parmi les catastrophes naturelles, celles que les êtres humains redoutent le plus. Face à la puissance considérable des forces mises en mouvement, l'homme se trouve totalement désarmé et vulnérable.
Le bassin méditerranéen et les Alpes sont marqués par la succession de séismes tels que ceux de Messine en 1908, d'Orléansville en 1954 (Algérie) tout deux furent les plus meurtriers de ce siècle. Ceux de Corençon dans le Vercors 1962 et tout dernièrement de Cruseilles et d'Annecy en Haute-Savoie signalent une activité constante sous les Alpes.
La Côte d'Azur, sensible elle aussi au frémissement de la terre, n'est pourtant pas considérée comme étant une région à risques. Elle est en effet classée en zone II soit

d'intensité moyenne. La Côte d'Azur est un cas de sismicité intraplaque né de la collision de deux continents : l'Afrique et l'Europe. La ligne de frontière de ces deux plaques, traverse le Nord du Maroc par la chaîne du Rif, puis plonge brutalement sous la Méditerranée et se poursuit probablement vers la mer Egée.
Nous sommes donc relativement éloignés de cette zone conflictuelle. Par conséquent nous n'avons guère à redouter d'un séisme de magnitude identique à ceux qui trop souvent, frappent la Californie ou le Japon.
Néanmoins le risque persiste, c'est ce que révèle la sismicité historique. Face à cette éventualité, on ne doit pas rester indifférent, ni avoir peur d'une manière inconsidérée.
Les mouvements complexes qui agitent les failles actives de la Vésubie et de la Roya, sont la conséquence d'un phénomène tournant. La plaque africaine pousse la plaque italienne, celle-ci absorbe le déplacement en formant le bourrelet de l'arc alpin dont l'élévation se répercute dans les Alpes-Maritimes par une avancée des terres et des baous vers la mer (doc. 1 et 2).
Cette rétrospective se borne à une rapide évocation des principaux tremblements de terre qui ont affecté les Alpes-Maritimes. Elle est fondée sur un dossier de sismicité historique constitué après six années de recherche par mes soins. Un ratissage méthodique des archives départementales, municipales, paroissiales, de la presse régionale de l'époque et des comptes rendus scientifiques, m'a permis ce retour aux sources, surtout pour ce qui concerne le séisme de 1887 extrêmement riche en documents.
Dans le champ des recherches historiques, aucune étude n'est définitive. A mesure que progresse la connaissance du passé, de nouvelles sources apparaissent et les interprétations des faits sont alors à revoir.
La sismicité historique n'est certes pas une science exacte. En effet la chronologie, les localisations des foyers et des mouvements de terrain, les noms des localités affectées, les effets environnants, les intensités, suscitent encore beaucoup d'interrogations. Cependant elle demeure indispensable et vient en complément de la sismicité instrumentale qui est une science trop récente pour pouvoir en tirer analyses et conclusions.
Par ailleurs la paléosismologie et les géologues ont trouvé la façon de remonter le temps en explorant les grottes souterraines, véritables archives de la terre.
Le décalage brutal entre stalactite et stalagmite, indique le glissement de la couche du dessus par rapport à celle de dessous.
Ces études pourraient vraisemblablement lever les quelques doutes de la chronologie actuelle et aussi de mieux situer les séismes du début de notre ère afin d'en déterminer, d'une manière plus précise, l'aléa sismique. Malheureusement les rigueurs budgétaires que l'on connaît, ne permettent pas à l'heure actuelle, de telles opérations.

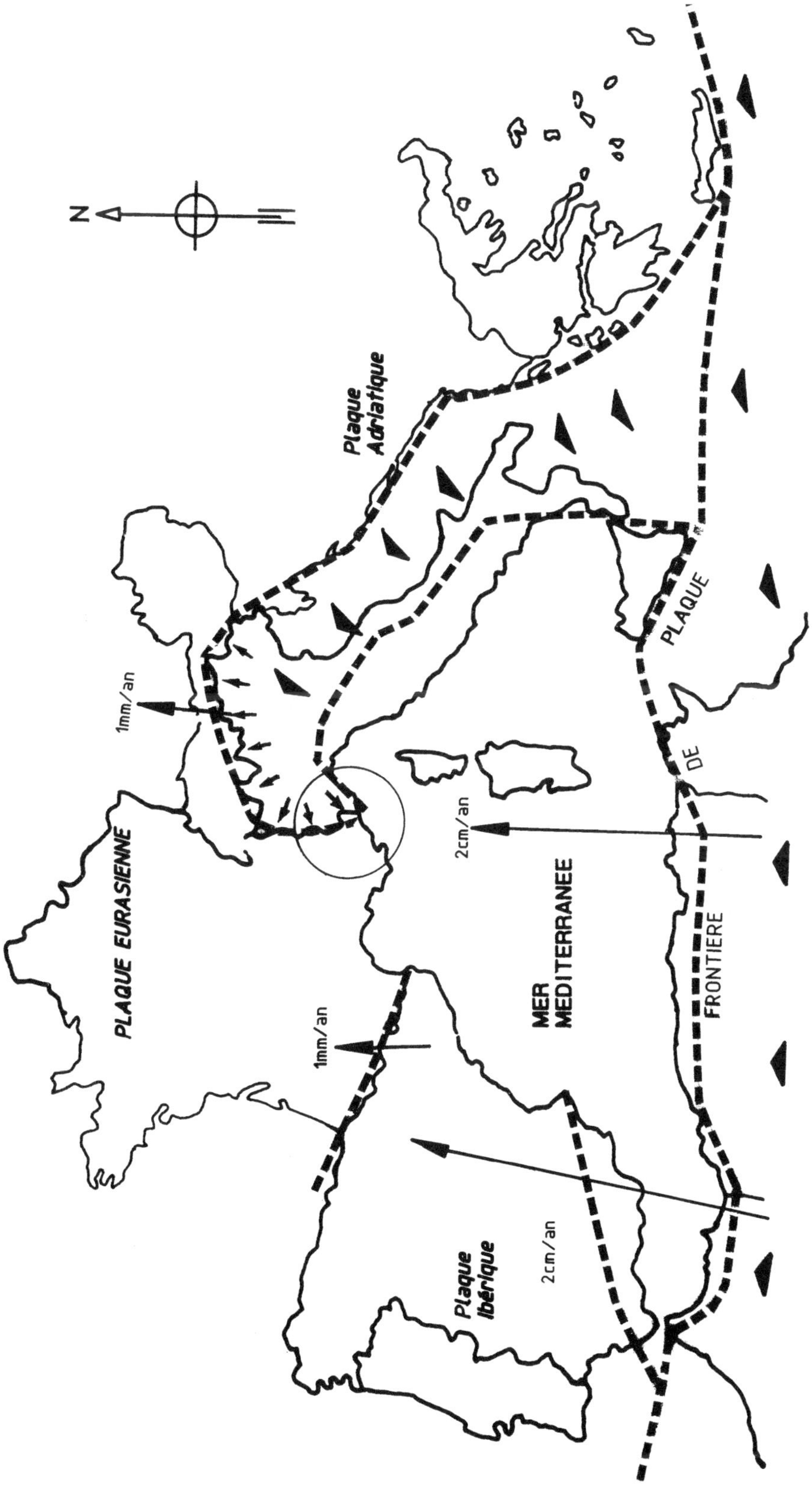

TECTONIQUE EURO-MEDITERRANEENNE

Principales limites de plaques et mouvements associés

Réalisé par André LAURENTI

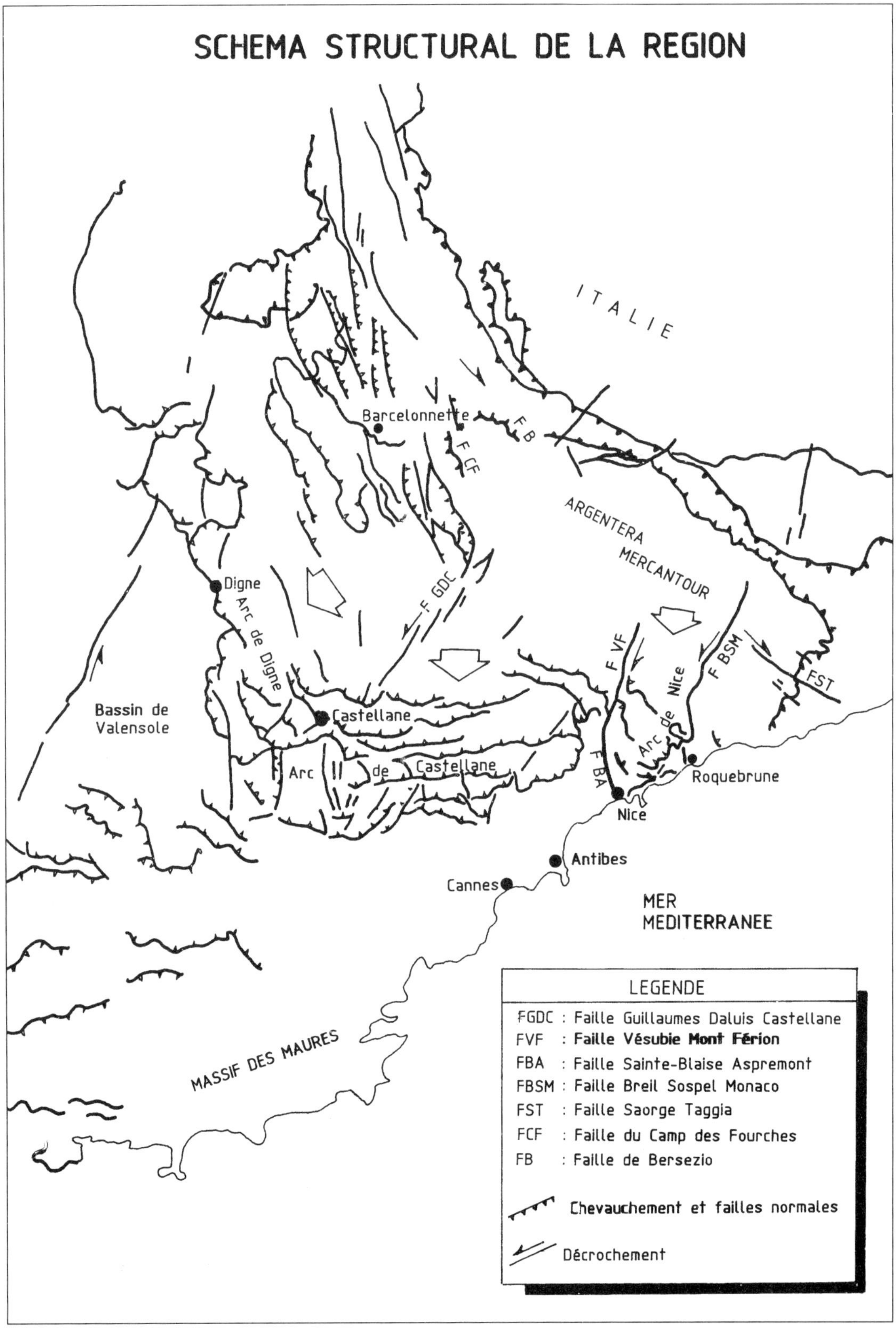
SCHEMA STRUCTURAL DE LA REGION
ITALIE
Barcelonnette
FB
FCF
ARGENTERA
MERCANTOUR
F GDC
Digne
Arc de Digne
F VF
F BSM
FST
Arc de Nice
Bassin de Valensole
Castellane
Arc de Castellane
F BA
Roquebrune
Nice
Antibes
Cannes
MER MEDITERRANEE
MASSIF DES MAURES
LEGENDE
FGDC : Faille Guillaumes Daluis Castellane
FVF : Faille Vésubie Mont Férion
FBA : Faille Sainte-Blaise Aspremont
FBSM : Faille Breil Sospel Monaco
FST : Faille Saorge Taggia
FCF : Faille du Camp des Fourches
FB : Faille de Bersezio
Chevauchement et failles normales
Décrochement

II – Chronologie des séismes destructeurs dans les Alpes-Maritimes

Ecrit dans une intention historique, les sources documentaires qui attestent ces deux premiers évènements, ne sont pas citées. Les dates demeurent imprécises et les localisations restent obscures. Il s'agit plutôt de légendes qu'il ne faut pas systématiquement éliminer. Les techniques d'études des cavités Karstiques et les grottes, véritables mémoires du passé, pourront peut-être un jour, confirmer d'une manière plus précise, l'existance de ces séismes.
Tout commence par une note manuscrite de l'historien niçois Louis Cappatti dans laquelle il évoque l'origine du village de Lantosque. Il attribuerait sa fondation à un guerrier toscan qui, à la tête d'une bande d'aventuriers, aurait livré combat aux Vésubiens. Victorieux et pour affirmer sa conquête, le Toscan aurait planté orgueilleusement sa lance au cri de "Lancia d'Osca", et aurait bâti un village qu'en mémoire de ce fait, prit le nom de "Lancia d'Osca", puis de "Lan d'Osca".
L'auteur ajoute que ce bourg aurait été édifié au-dessous du lac de "Composio" où le torrent du "Rion" prenait sa source. A la suite d'un tremblement de terre, le lit du lac s'entrouvrit, produisant d'énormes éboulements. La bourgade d'Osque primitive fut détruite et les habitants descendirent dans la vallée et s'installèrent sur le rocher, à l'emplacement actuel (71).
La période pourrait se situer entre le VII et le IV siècles avant J.-C. Elle correspondrait à l'extension de la domination étrusque dans la plaine du Pô et à la conquête romaine qui y mettra un terme.

Le séisme de 625 : On fête chaque année à Roquebrune, le genêt car il est considéré comme étant le sauveur du village. On raconte en effet dans l'histoire de la commune, qu'au VII siècle de notre ère "il y eut un tremblement de terre. Il semblait que tout le versant allait disparaître au fond du golfe. Les blocs de rochers s'arrêtèrent à mi-pente, à l'endroit où s'est érigé le village". Ainsi on dit que Roquebrune a glissé et qu'un genêt l'a arrêté.
Par ailleurs les travaux historiques d'Urbain Bosio, font état "d'un tremblement de terre qui porta la désolation dans les Alpes-Maritimes. Des masses énormes de rochers se détachèrent des montagnes et écrasèrent des villages et des hameaux" (50).
L'auteur poursuit en évoquant la chute d'énormes rochers bordant la mer aux environs de Monaco". Ce séisme aurait entraîné un important affaissement de sol qui serait à l'origine de la falaise cernant le village de Roquebrune Cap-Martin. (50)
Effectivement, cette dernière information paraît intéressante car on peut observer les indices sur le terrain. Reste maintenant à prouver qu'ils sont bien d'origine sismiques.
Autres informations, celles fournies par Jean Musso, dans un ouvrage intitulé «Roquebillière notes d'histoire». L'auteur évoque un séisme vers l'an 566 ou 614. Il indique que «les habitations de Roquebillière furent complètement détruites. L'effet dut être tellement violent», précise-t-il, «que le Caire Del Mel, un sommet situé au des-

La falaise de Roquebrune est-elle la conséquence du séisme légendaire du VI ou VII siècle évoqué par l'historien Bosio ? *(Photos A. Laurenti)*

Autre marqueur intéressant, ce rocher situé entre Roquebrune et Monaco
ferait peut-être parti des éboulements indiqués par Bosio.

De nos jours, la trajectoire du rocher est jonchée d'habitations. *(Photos A. Laurenti)*

sus du village, fut comme déchiré de la partie restante du mont, laissant une large crevasse ressemblant en tous points, à une carrière déchiquetée de main d'homme». (72)
Quant à J.B. Martel, il explique dans son ouvrage "qu'en 614 un tremblement de terre eut lieu sur tout le littoral, depuis les Pyrénées, jusqu'à l'extrémité de l'Italie». Il rajoute que dans la vallée de la Vésubie, Roquebillière et Lantosque furent particulièrement bouleversées" (73).
Etant donné l'imprécision de date, il est possible que ce séisme corresponde à un unique et même évènement.

Le séisme de 1227 : Ce tremblement de terre aurait affecté Nice et toute la Provence, faisant plus de 50 000 morts (51). Cette information est souvent reproduite à tort par les médias. En août 1994, à propos des nouvelles dispositions parasismiques adoptées à toutes les constructions, une chaîne de radio nationale, dans un communiqué, en fait état. Or l'enquête réalisée par le Bureau de Recherches Géologiques et Minières (B.R.G.M.), mentionne l'évènement comme étant douteux (53). Il a même été carrément éliminé par certains historiens car il correspondrait plutôt à "l'effondrement d'une montagne, à proximité de salins (Savoie) vers la fin de l'an 1248 et qui par transformation de salins en "salviers" (une tribu de la Provence antique) par un compilateur du XVIe siècle, sera à l'origine du pseudo-séisme destructeur de Provence" (78).

Le séisme de 1348 : Cet évènement en date du 25 juin (52) figure sur une liste chronologique établie par le B.R.G.M. Ce document laisse apparaître que les communes de la Bollène-Vésubie, Roquebillière et Lantosque, auraient été affectées par un séisme d'intensité IX (53). Malheureusement au-delà de ces localités, les effets restent inconnus.

Le séisme de 1494 : Le 23 juin un tremblement de terre serait responsable de dégâts immobiliers à Lantosque, Roquebillière, la Bollène-Vésubie et d'une panique à Nice (52).
Bosio complète l'information en signalant que "des maisons de fermes, à proximité des localités citées, furent écrasées par des masses énormes de pierres qui se détachèrent des flancs des montagnes" (50). L'historique sur l'église St Véran à Utelle nous apprend qu'elle fût détruite en 1452 par un tremblement de terre et reconstruite par le prieur Claudio de Grimaldi jusqu'en 1547. Malgré une erreur chronologique, cette information est très importante car elle permet de rajouter le village d'Utelle dans l'aire de destruction.
Là encore, le phénomène a sans doute touché un secteur plus important mais on en ignore les faits.

Le séisme de 1556 : Le 20 avril, un tremblement de terre, considéré lui aussi comme douteux par le B.R.G.M. (53), détruisit une bonne partie des habitations de la Bollène provoquant la mort de 150 personnes (52) et celle de nombreux bestiaux. Plus bas, le hameau de Loda fut aussi entièrement démoli.

Bosio met l'accent sur d'importants mouvements de terrain aux environs de Lantosque (50).
Malgré que cet évènement soit rapporté par de nombreux historiens tels que Gioffredo, Scaliero, Bonifacy et bien d'autres, il est fort probable qu'il s'agisse en fait du séisme nissart de 1564.

Le séisme de 1564 : Le 20 juillet 1 heure avant le coucher du soleil un violent tremblement de terre affecte à nouveau la Vésubie. Ce séisme appelé séisme nissart, à fait l'objet d'une étude minutieuse entreprise par B. Cadiot (B.R.G.M.). Malgré tout, la confusion des documents rend difficile la compréhension du phénomène, en voici les raisons : "Un marchand génois de passage à Nice un mois après le séisme, transmet à son correspondant de Nuremberg une lettre illustrée par une carte. Cette lettre écrite en italien a été dans un premier temps, traduite en allemand puis reproduite. De nos jours, le texte original a disparu et c'est par hasard qu'une copie de la carte a été retrouvée en Autriche. En observant cette carte, les problèmes graphiques de la localisation et l'orthographe des villages affectés font supposer une réelle méconnaissance de la région par l'auteur.
Ainsi par recoupement B. Cadiot attribue à Repella le village de Rimplas, à Sandalingi celui de St Dalmas de Valdeblore, à Roccia la Roche, à Morena avec beaucoup d'imagination la Bollène ou peut être Molière, Villaret plusieurs hameaux portent ce nom, quant à Rocca Marina ce dernier reste inconnu.

Les effets (8) :
Roquebillière fut particulièrement éprouvé, et compta près de 300 victimes. L'effondrement de l'église tua 22 personnes et en blessa 60. Le hameau de Gordolon fut détruit de fond en comble. A la Roche, presque totalement anéanti, 50 personnes trouvèrent la mort.
Complètement ruiné, on dénombra à la Bollène 250 morts et 14 blessés.
St Jacques de Valdeblore, qui n'existe plus de nos jours, connut une destruction générale.
A Belvédère une cinquantaine de victimes et autant de blessés furent à déplorer.
A Lantosque de nombreuses habitations s'écroulèrent, provoquant 3 morts (4).
A Venanson l'église ne résista pas tuant ainsi 21 personnes.
A la Penne, le château et quatorze maisons s'effondrèrent. Par ailleurs les châteaux de Saorge, de la Brigue et de Vintimille furent partiellement détruits.
A Clans, quatorze maisons s'écroulèrent, un grand nombre d'habitants furent écrasés sous les ruines et beaucoup de bétail tué.
A l'Escarène plusieurs sources font état d'une montagne qui se serait ouverte en deux, laissant sortir du feu. Plus haut, à Saint Dalmas de Valdeblore, une montagne s'éboula. Sur les cours d'eau de la Vésubie et du Paillon, des barrages provoqués par des éboulements firent de nombreuses victimes en aval. Mais tout ceci constitue des mouvements mal définis. Sur le littoral, d'importants mouvements de mer ont été rapportés à

TREMBLEMENT DE TERRE DU 20 JUILLET 1564

Simulation macrosismique

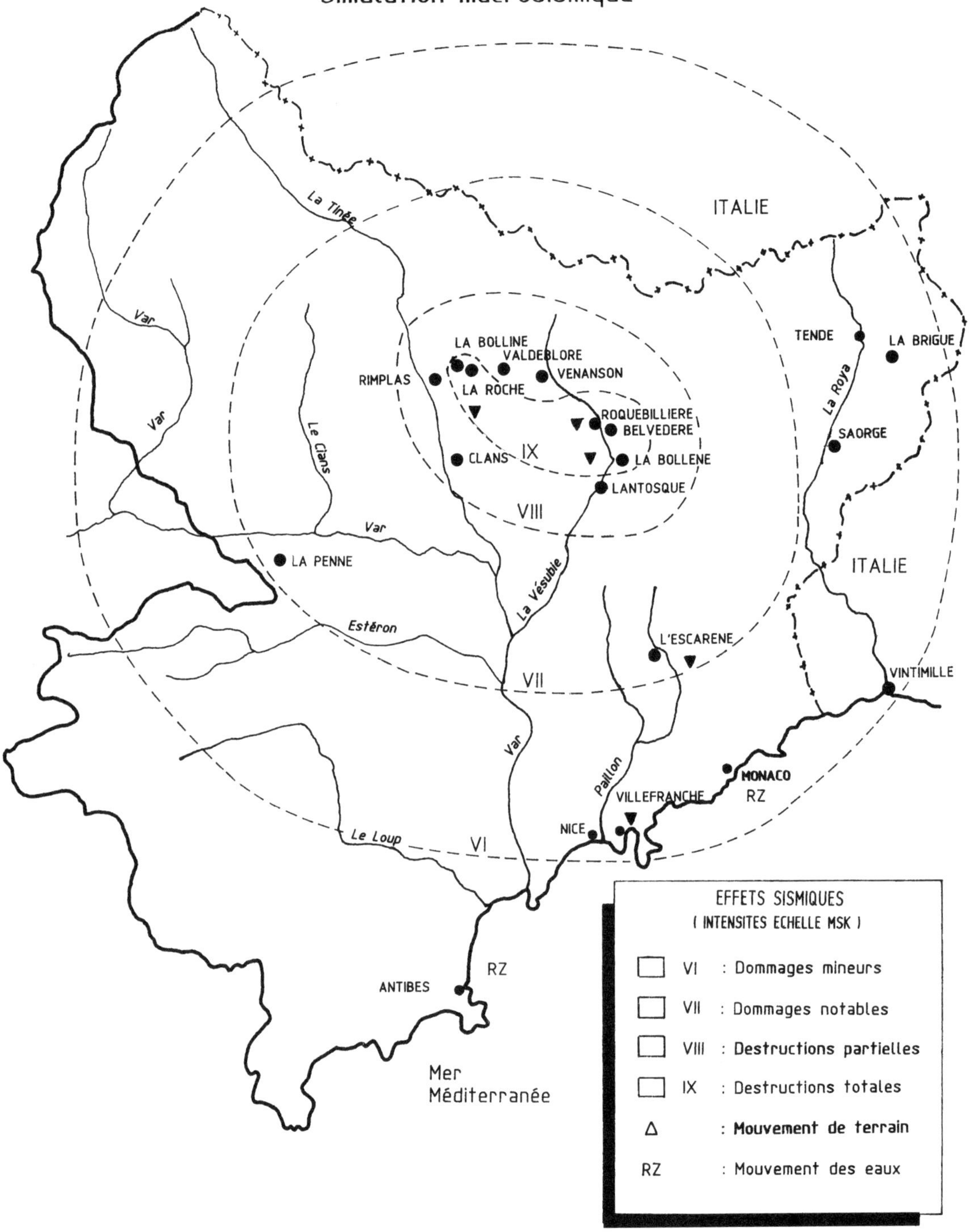

(André Laurenti)

Antibes, à Monaco, à Nice ainsi qu'un affaissement du port de Villefranche. Bosio indique qu'il n'y aurait pas eu de dommages sérieux dans ce secteur (1).
Le tremblement de terre eut un grand retentissement en Europe et éveilla la curiosité des plus célèbres physiciens de l'époque.
De nos jours ce séisme suscite de nombreuses interrogations, notamment celle concernant la localisation du foyer. Les spécialistes émettent des avis différents, certains le situent vers l'Escarène, d'autres dans le Valdeblore. Le 2 septembre 1982, un séisme de magnitude 3,5 par 44,05° N - 12° Est, conforte l'hypothèse qu'il pourrait bien s'agir du même foyer que celui du 20 juillet 1564, mais là encore les avis restent partagés (9).

Le séisme de 1612 : Le 30 juin à 15 h, un tremblement de terre provoqua une grande frayeur parmi la population et fit sonner les cloches de la grande horloge de Nice. Les dégâts, d'après Gioffredo, furent mineurs.
270 ans plus tard, Raiperti dans un guide de Saint-Martin de Lantosque, éveille un doute. Il affirme que le séisme a ruiné Roquebillière déjà endommagé par les séismes de 1494 - 1556 et 1564. Le village venait d'être reconstruit sur l'autre rive de la Vésubie (52).
Il faut s'en tenir, je pense, à la déclaration de Gioffredo.

Le séisme de 1618 : Le 14 et 16 juin, de fortes secousses furent ressenties à Nice, sans causer de dégâts (52). Bosio décrit un séisme qui aurait fortement ébranlé la montagne du Férion, provoquant l'effondrement de maisons et de fermes à Duranus, Roccasparvière et Coaraze (50). Par ailleurs, les murs du château de Saorge auraient été ébranlés.
Dans la mémoire de Giuseppe Mercalli, l'auteur mentionne un autre séisme, même jour, même mois, mais en 1617. Ce tremblement de terre aurait été ressenti dans tout le Comté de Nice, faisant beaucoup de dégâts à Lantosque, Roccasparvière et à Coaraze. Dans la campagne d'Utelle, deux femmes et trois enfants furent tués sous les ruines d'une maison. (52) Il s'agit là certainement, d'un seul et même séisme.
Par ailleurs, l'historien contemporain Pierre Robert Garino, nous apprend que le canal d'acheminement d'eau de Roccasparvière fut endommagé et que le lieu de captage s'affaissa de plusieurs mètres, privant définitivement d'eau courante, le village. Cette catastrophe aurait incitée les habitants à abandonner petit à petit les lieux, pour Duranus.

Le séisme de 1644 : Le registre paroissial de la commune de Belvédère, relate que le 15 février 1644 deux secousses violentes furent ressenties dans la vallée de Lantosque. Trois personnes périrent à Belvédère, d'autres victimes eurent lieu à la Bollène et à Roquebillière.
Un journal publié à Gênes le 12 mars 1644, confirme l'évènement et complète l'information en évoquant la désolation de cinq terres dans le comté de Nice et de Provence, ainsi que la mort d'un grand nombre de paysans.

On apprend également dans un autre journal italien, le "Schiaffino", que le 15 février 1644, vers 17 h des secousses furent ressenties à Gênes et ruina trois terres dans le comté niçois.
Selon l'histoire chronologique de Provence, l'historien Bouche rapporte que le séisme a ruiné la moitié de 14 villages ensevelissant beaucoup de personnes et renversant deux grands châteaux. Il signale aussi, l'éboulement d'une montagne qui aurait emporté quatre cents brebis passant au pied. L'auteur rajoute que le village de Châteauneuf a ressenti les secousses pendant plusieurs jours (52).
A propos de ce village, dans un petit opuscule, M. A. Moris, ancien archiviste départemental, déclare que les habitants abandonnèrent Châteauneuf après le tremblement de terre de 1644 pour redescendre à l'emplacement du village primitif. Selon J.B. Martel qui s'est penché sur l'histoire de ce village, Châteauneuf n'aurait pas été détruit par le séisme de 1644, il aurait en fait, été déserté progressivement à partir de 1748. Martel précise que cette erreur a été reproduite par la plupart des auteurs contemporains qui se sont intéressés à l'histoire de ce bourg. Parmi les anciens historiens qui ont parlé plus spécialement du séisme, mis à part Bouche; Gioffredo, Durante, Scaliero, Bonifacy, etc. aucun ne site Châteauneuf (73).
Gioffredo considérera exagérés, les propos de Bouche, mais il se rendra à l'évidence en affirmant que le tremblement de terre a été vraiment extraordinaire, particulièrement à Belvédère, Roquebillière et Lantosque où l'église et les habitations furent ruinées (52).
Le travail de M. Séraphin Laugeri, permet de découvrir un cinquième village qu'aucun historien n'a évoqué, mais aussi l'un des deux châteaux énoncé par Bouche. En effet, le registre paroissial de Toudon indique, pour la journée du 15 février 1644, le décès de 36 personnes. Ce jour là, le séisme fit s'effondrer des rochers et les murailles du château sur le quartier du Brec, détruisant 32 maisons, tuant principalement des femmes et des enfants car les hommes étaient partis aux champs (56).
Par ailleurs d'autres sources diverses apportent des informations précieuses sur l'étendue des secousses. Ainsi à Onéglia et à Porto Maurizio (Impéria) la secousse a été tellement forte que la population est allée s'installer pour deux mois dans les campagnes. A Taggia, les habitants étaient réunis à l'église paroissiale lorsque les colonnes et les murs se mirent à trembler, les fidèles s'enfuirent et l'un d'entre eux reçu une pierre sur la tête. La secousse fut ressentie également à Alessandria, à Grasse, à Fréjus où là aussi les gens s'enfuirent de l'église, à Marseille, Aix et enfin à Gap (52).
Contrairement à certains écrits, il n'y a pas de doute à avoir concernant la date du 15 février 1644. Par ailleurs, toutes ces informations permettent de définir approximativement l'aire macrosismique de faible intensité. Mais si l'on suppose que 14 villages ont été endommagés, grâce aux effets de site du séisme de 1887 dans ce secteur, on peut tenter d'approcher l'aire de destruction du séisme de 1644.

TREMBLEMENT DE TERRE DU 15 FEVRIER 1644

Simulation macrosismique

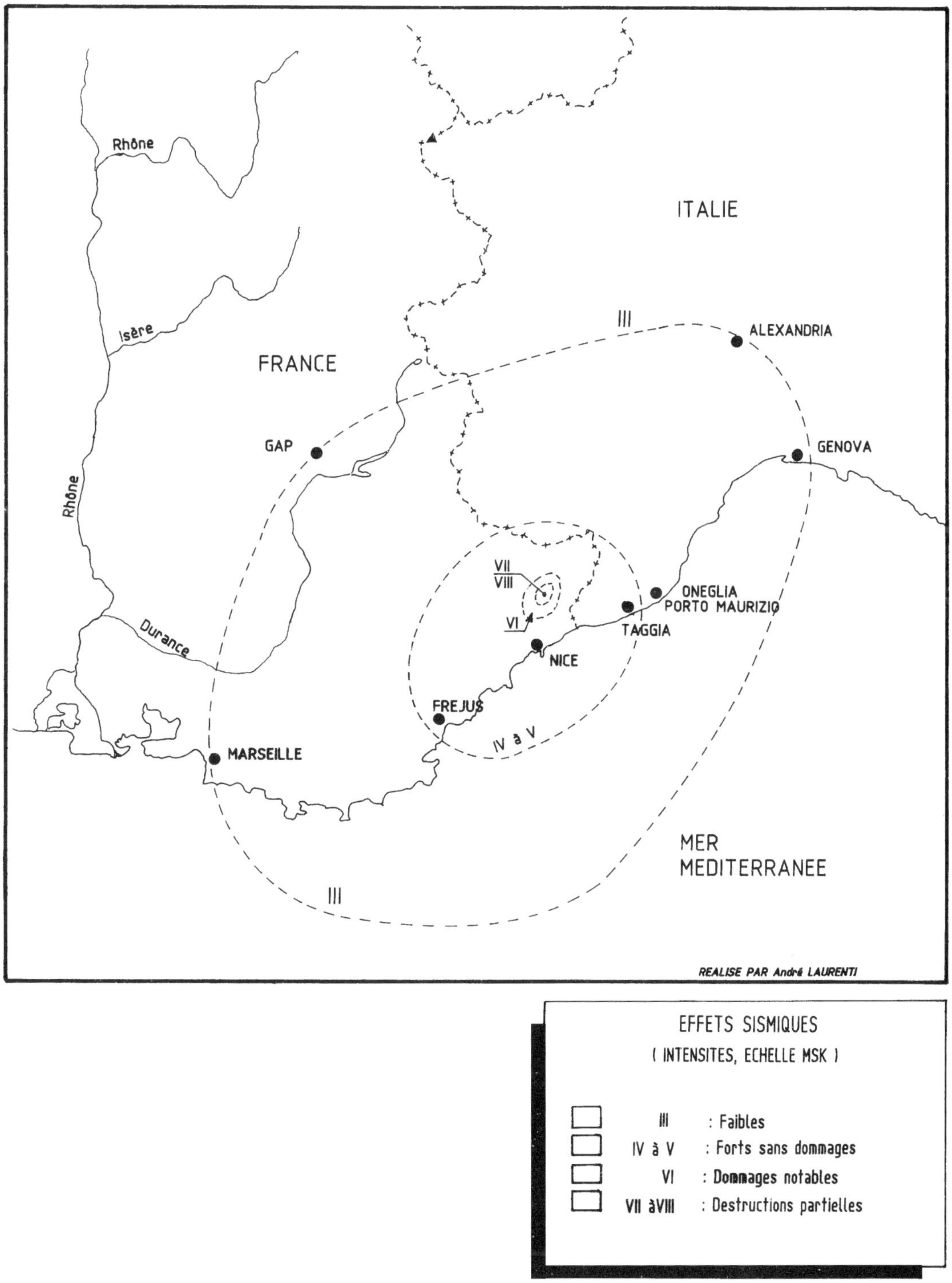

Le séisme de 1818 : Le 23 février, un séisme d'intensité VIII par 43°45 de latitude et 8°00' de longitude (57) provoqua des dégâts dans la ligurie occidentale, principalement à Diano Castello, Alassio, San Remo, Taggia, Oneglia (52).
Ce séisme n'aurait pas dû figurer dans cette compilation si un document de physique chimie de 1818 n'avait pas éveillé le doute. En effet cet article précise "qu'une vague est venue frapper fortement la plage d'Antibes et que des secousses auraient provoqué l'effondrement de quelques maisons à Vence".

TREMBLEMENT DE TERRE DU 15 FEVRIER 1644
Simulation macrosismique

Réalisation A. Laurenti

En comparant ce phénomène à celui de 1887, on s'aperçoit que les foyers étaient très proches l'un de l'autre. L'intensité du tremblement de terre de 1887 a été estimée à X, VIII pour celui de 1818 qui était par conséquent plus faible. De plus ce dernier n'aurait occasionné que quelques fissures légères à Menton.
Sachant qu'en 1887, les dégâts ont été minimes à Vence, il semble donc peu probable qu'il y ait eu des destructions en 1818.
L'hypothèse d'une erreur d'interprétation semble vraisemblable. En effet Vence aurait pu être confondu avec Vasia, un village italien situé en pleine zone affectée.
Des recherches complémentaires pourront conforter cette hypothèse. Toutefois, M. Jean Vogt spécialiste de la sismicité historique en France, partage mon analyse.

Le séisme de 1831 : Le 26 et 28 mai, un séisme d'intensité maximale de IX par 43°50' de latitude et 7°50' de longitude affecta à nouveau la ligurie (52).
Aucune note ne faisait état de dégâts notoires dans les Alpes-Maritimes, jusqu'au jour, et ce, malgré une erreur chronologique, le bulletin météorologique de Bourrian, éveilla le doute.
On peut lire ainsi que "le 4 mars 1803, les montagnes de la frontière ligurienne furent violemment secouées du Nord vers l'Est. Bourrian précise également "que le col de Roccaglia près de Sainte-Agnès, s'ouvrit en plusieurs endroits". Il poursuit en mentionnant que le 18 mars de cette même année, le village de Castellar fut anéanti et la population de San Remo bivouaqua plusieurs jours en rase campagne".
Si l'on se réfère au mémoire de Giuseppe Mercalli, aucun séisme n'a été relevé dans la région en 1803. Toutefois en remontant le temps, les descriptions d'un séisme en 1831 ressemblent étrangement à celles décrites par Bourrian, à savoir "qu'un tremblement de terre aurait fait s'écrouler une cinquantaine de maisons à Castellaro près de Taggia en Italie", un lieu bien différent du village de Castellar situé au-dessus de Menton.
Mercalli poursuit en précisant que "le col Grancie près de Roccacorvare, se fendit dans la partie sud". L'effet ainsi décrit ressemble à celui évoqué chez Bourrian. Cependant dans les deux cas, il n'a pas été possible de localiser ces noms sur les cartes actuelles.

Le séisme de 1854 : Le 29 décembre 1854, un séisme d'intensité VIII par 43°45' de latitude et 7°50' de longitude (57), fut destructeur en divers points de la ligurie occidentale. La secousse principale a été forte dans la région niçoise et très forte dans la partie méridionale du Piémont, faisant en tout et pour tout deux victimes.
L'épicentre était proche de la plage ligure entre Oneglia et Nice. L'aire isosseiste fut très importante la profondeur et la position du foyer furent similaires au séisme du 23 février 1887.
La secousse a été également davantage ressentie à Roquebillière et Lantosque. Elle provoqua une lézarde de 2 cm dans la voûte de l'église de Belvédère et la rupture d'une clef métallique, mêmes effets à Contes. A Menton, le séisme provoqua seulement quelques fissures. Bosio indique qu'il n'y a pas eu de victime, seulement des lézardes

dans les murs et les plafonds de quelques vieilles maisons (50). A Bar-sur-Loup, une des tours de l'ancien château fut lézardée. Aucune réparation ne fut apportée avant le séisme du 23 février 1887, qui la fit s'écrouler (57).
A Cagnes-sur-Mer "le château Grimaldi fut fortement secoué et les fresques furent abîmées et fissurées (52).
Ce tremblement de terre n'a donc occasionné aucun dégât notoire dans les Alpes-Maritimes, il figure dans cette compilation en complémentarité avec le séisme suivant de 1887.

Le séisme de 1887 : Le 23 février un séisme d'intensité épicentrale estimée de X à XI par 43°42' de latitude et 8°03' de longitude (57) provoqua d'importants dégâts et fit de nombreuses victimes.

Bussana Vecchia. *Photo A. Laurenti*

En effet, il entraîna la mort de 640 personnes sur la Riviera italienne et fit au total, 566 blessés (49). Dans les Alpes-Maritimes on dénombra huit victimes réparties ainsi : Castillon 2 morts et 20 blessés (25); La Bollène-Vésubie 2 morts et 15 blessés (20); Bar-sur-Loup 2 morts et 3 blessés (28); Nice 2 morts et 13 blessés (58).
Dans les Alpes de Haute-Provence, il y eut 1 victime à Entrevaux (7) et une seconde à Saint-Pierre (15).
Le foyer était situé en mer, au large entre Diano Marina et Imperia. La première secousse destructrice se produisit à 6 h 20, suivie d'une seconde à 6 h 30, puis d'une troisième moins violente à 6 h 40. La quatrième quant à elle, eut lieu à 8 h 50, elle fut très vive et poursuivit le travail de démolition (59).

Les effets :
Ils ont été évidemment moins importants dans les Alpes-Maritimes que sur la Riviera italienne, mais ils furent tout de même considérables.
Les quartiers situés en bordure de cours d'eau sur des terrains alluvionnaires, ont connu les dégâts maximum, victimes du phénomène de liquéfaction du sol.
A Nice, les quartiers de St Etienne, St Philippe, l'avenue de la Gare (bd Jean Médecin) et les rues adjacentes qui correspondaient aux quartiers neufs de l'époque, subirent d'importants dégâts.
En revanche, les secousses n'ont eu que des effets secondaires dans le Vieux Nice et les hauteurs de Cimiez.

A l'Est de San Remo, Bussana Vecchia reste encore la preuve oculaire de la violence du séisme ligure le 23 Février 1887.
(Photos A. Laurenti)

Les fidèles venaient tout juste de quitter l'église de Bussana lorsque la voûte s'effondra.
(Photos A. Laurenti)

Une curiosité est à signaler, dans le lit du Paillon au-dessus du Pont Vieux, un large puits rempli d'eau tiède se serait formé (60).
A Menton, le quartier Partouneaux, ceux de la Gare, de St Benoît les bords du Carei, du Borrigo ont subi d'importants dommages. Les rues furent sillonnées de crevasses et les bordures de trottoirs séparées de la chaussée. En revanche le quartier de la Madone a été le moins affecté (61).
Au village de Bonson, un quartier entier dénommé la Tour et comprenant quatorze maisons, s'écroula subitement (14).
Au Broc, le village par lui-même a peu souffert, seuls les quartiers environnants des Fougassières, des Carlons, de la Germaine et de la Clave subirent de gros dégâts. Au Clos Martel, huit maisons et un bastidon composant le quartier des Soutrans furent fortement endommagés, 16 personnes se trouvèrent sans abri (62).

Les mouvements de terrain :
Un éboulement se produisit sur la route du col de Braus, entre l'Escarène et Sospel sur une distance d'environ 1.600 m (3). Sur la même route, au-dessus de Touët de l'Escarène la chaussée s'effondra sur 50 m dans les lacets qui mènent au col.
Entre Rourebel et St Antonin, des blocs énormes obstruèrent le chemin vicinal (15). A Séranon des rochers se détachèrent subitement de la montagne (8), probablement celle du Baous Roux.
A Villefranche, un éboulement important eut lieu au Pont de l'Arma interrompant la RN7. Le chemin conduisant à la Madone Noire, fut fortement ébranlé et au-dessus du tunnel de la S.N.C.F. dénommé Malrive, une crevasse de 15 cm parcourut le mur dans la direction est-ouest (3).
D'autres éboulements se produisirent dans les environs de Sospel mais l'imprécision ne permet pas de situer l'évènement (25). La montagne du Barbonnet au-dessus de Sospel fut fendue sur toute sa hauteur par des fissures perpendiculaires au nord magnétique. Elles étaient de 3 mm au col St Jean 1 cm aux lacets les plus hauts (63).
A Menton, la propriété cultivée de M. Buscio, située au quartier Guglione, subit d'importants dégâts. Des gros blocs de pierre se détachèrent du haut de la colline et détruisirent une vingtaine de murs en pierres sèches, arrachant oliviers et citronniers au passage (26).

Bussana Vecchia.
Photo A. Laurenti

On déplorera à Bussana cinquante trois victimes et vingt sept blessés.
Photo A. Laurenti

L'église dévastée de Bussana. *Photo A. Laurenti*

Village de Baiardo situé dans l'arrière pays de Ventimiglia à 900m d'altitude. *Photo A. Laurenti*

C'est dans cette église de Baiardo que 220 personnes périrent sous l'effondrement de la voûte.
Photos A. Laurenti

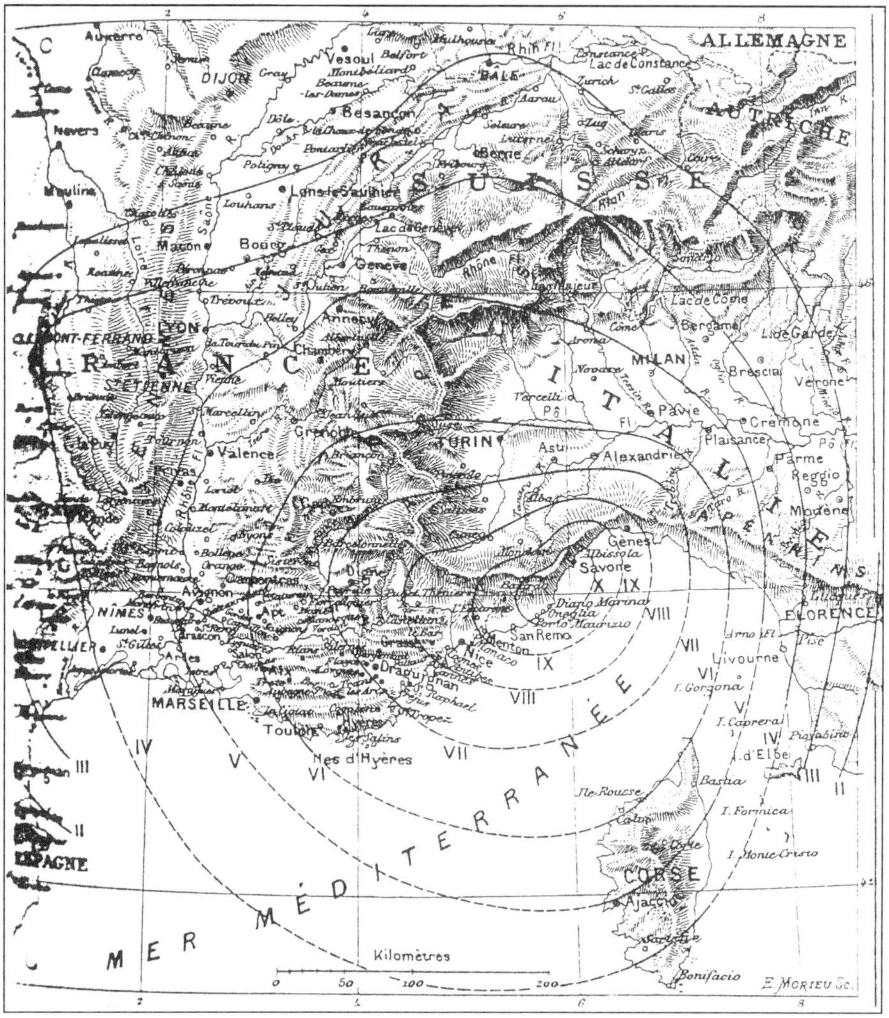

Carte du séisme de 1887, courbes d'intensités décroissantes.
(Extrait du bulletin Astronomie Camille Flammarion)

Tsunami :

La secousse majeure a provoqué des mouvements de mer d'amplitude variable à Villefranche, Menton, Nice et Antibes, celles-ci n'ont pas dépassé un mètre.

A Antibes la mer a baissé d'un mètre pour remonter presque à la hauteur du quai (25).

Grâce à l'abondance des archives et des photos, le tremblement de terre du 23 février 1887 peut être considéré comme l'évènement de référence, car il est celui qui a causé le plus de dégâts dans un passé proche.

Les descriptions plus ou moins détaillées des dommages observés, m'ont permis de définir les zones de dégâts supérieures à VI selon l'échelle d'intensité M.S.K. et de dresser approximativement une liste des localités affectées, il s'agit de :

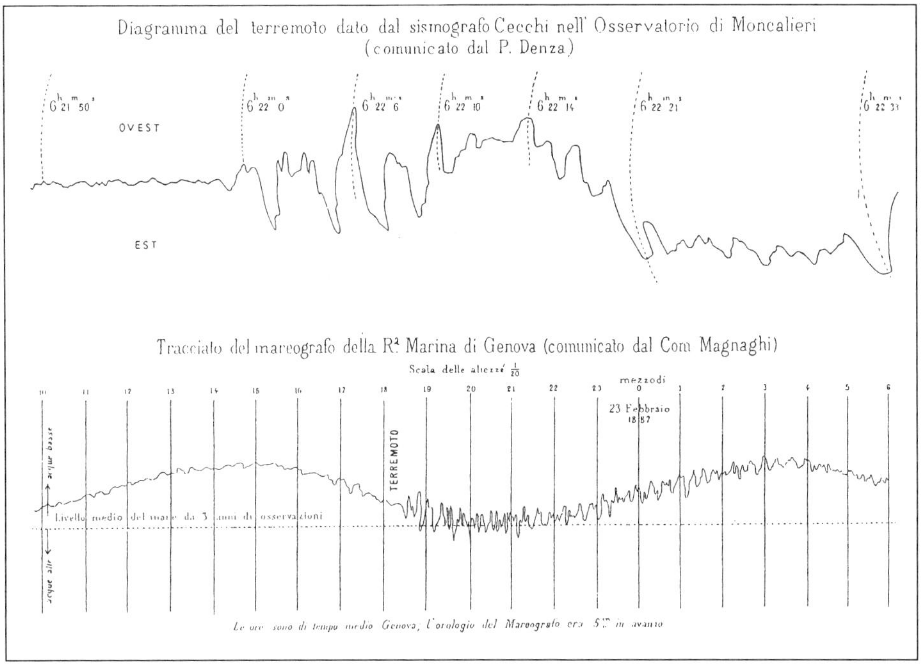

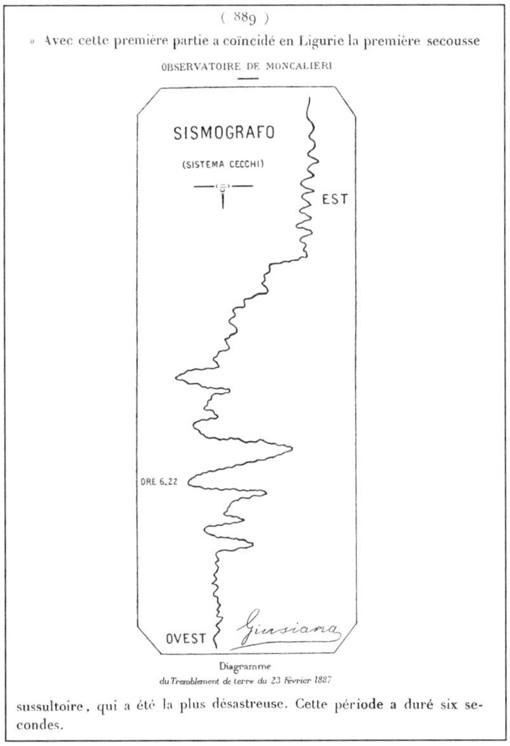
(889)

» Avec cette première partie a coïncidé en Ligurie la première secousse

sussultoire, qui a été la plus désastreuse. Cette période a duré six secondes.

Tracés des sismographes

Fig. 53.

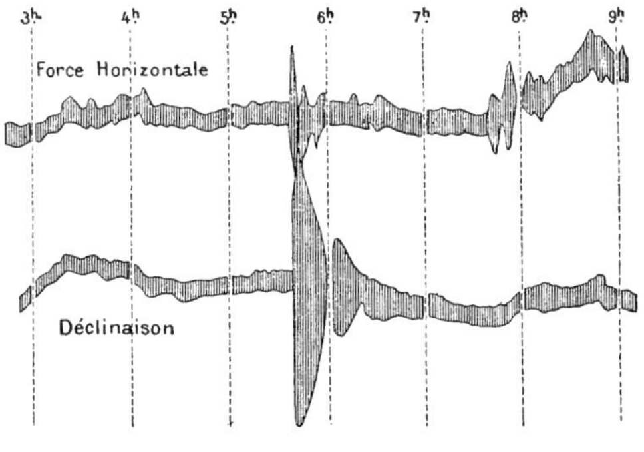

Oscillation des appareils magnétiques
de l'observatoire de Greenwich,
par le tremblement de terre du 23 février.

Zone de VI à VII :
Châteauneuf-de-Grasse; Gilette (campagne); Opio; Pierrefeu; Roquestéron; Sallagriffon; Tourrette-du-Château; Carros; Pierlas; Bar-sur-Loup; Drap; Massoins; la Penne; Revest les Roches; Roubion; St Blaise; Sigale; La Tour; La Trinité.

Cartes des effets sur les Alpes-Maritimes. *(Réalisation A. Laurenti)*

Zone VII :

Bendejun; Berre-les-Alpes; Le Broc (Clos Martel); Cantaron (Bordina); Castagniers; Contes; Duranus; Lieuche; Peille; Tourrette-Levens; Châteauneuf-Villevielle; Bézaudun-les-Alpes; Bonson (quartier la Tour); Nice (quartier St Etienne); St-Martin du-Var; Toudon; le Cros d'Utelle.

TREMBLEMENT DE TERRE LIGURE DU 23 FEVRIER 1887
Effets sur les Alpes-Maritimes

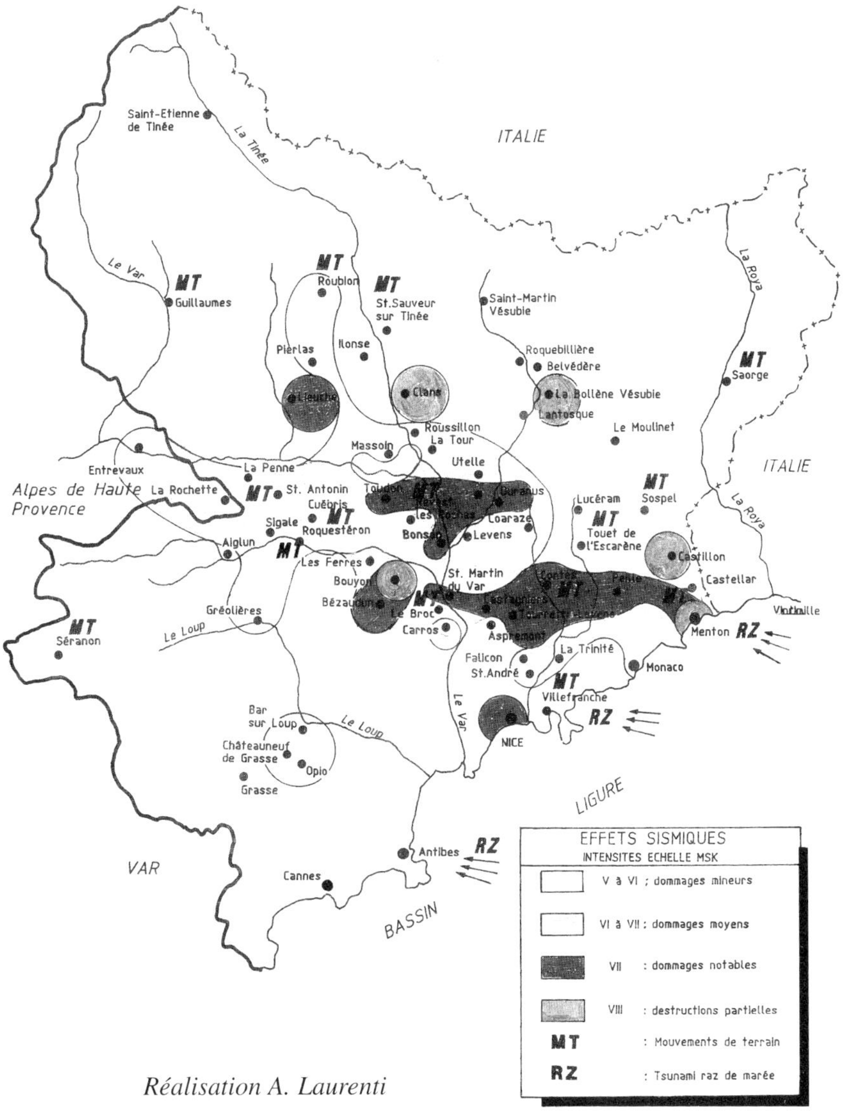

Réalisation A. Laurenti

Zone VIII :

La Bollène-Vésubie; Bouyon; Clans; Menton; Castillon.

Ainsi 42 communes auraient connu des destructions d'habitations plus ou moins importantes.

Dans les Alpes-Maritimes, 84 100 habitants ont été concernés par le tremblement de terre du 23 février 1887, 433 000 habitants le seraient aujourd'hui par un phénomène identique.

	RECENSEMENT 1877	1982	1990
Bar-sur-Loup	1 414	2 043	2 473
Bendejun		600	767
Berre-les-Alpes	555	949	861
Bézaudun-les-Alpes	146	80	88
Bonson	372	288	456
Bouyon	426	229	245
Cantaron		956	1 234
Carros	534	8 457	10 766
Castagniers	461	1 076	1 234
Castillon	305	79	188
Châteauneuf-Villevieille	1 321	402	573
Châteauneuf-de-Grasse	594	2 165	2 815
Clans	749	367	497
Contes	1 588	4 992	5 944
Drap	780	3 042	4 281
Duranus et l'Engarvin	201	118	142
Gilette	679	618	1 028
La Bollène-Vésubie	741	262	309
La Penne	333	120	145
La Tour-sur-Tinée	831	148	287
La Trinité	1 235	8 347	10 226
Le Broc	710	422	675
Lieuche	114	23	27
Massoins	202	110	227
Menton	7 819	25 463	29 474
Nice	53 397	338 486	345 674
Opio	371	1 336	1 798
Peille	1 580	1 745	1 901
Pierlas	198	73	115
Pierrefeu	251	114	207
Revest-les-Roches	149	49	123
Roquestéron de Grasse	137	59	59
Roquestéron de Puget	505	428	511
Roubion	337	83	106
Sallagriffon	105	47	47
Saint-Blaise	296	339	641
Saint-Martin du Var	507	1 528	1 875
Sigale	435	145	160
Toudon	510	117	149
Tourette-du-Château	198	38	66
Tourrette-Levens	1 193	3 004	3 417
Utelle	1 815	398	462
Total des habitants	**84 094**	**409 345**	**432 273**

Nota : Les communes de Bendejun et de Cantaron dépendaient de Châteauneuf-Villevieille.

III – Les séismes de ce siècle

Vendredi 19 juillet 1963 : Le séisme le plus important de ce siècle fut enregistré vers 6 h 45. La première secousse dura 34" et atteignit 5°,6 à 5°,7 sur l'échelle MSK, la seconde fut plus forte 5°,9 à 6°. L'épicentre était situé en mer à 80 km au large de San Remo par 43°09' de latitude et 8°05' de longitude. L'hypocentre a été calculé entre 5 et 10 km de profondeur (57). Ce phénomène a été ressenti des Alpes-Maritimes à l'Hérault jusque dans la plaine du Roussillon ainsi qu'en Italie du Nord et en Corse. A Menton les dégâts se bornèrent à quelques vitres brisées, à l'éclatement d'un réservoir d'eau sur le toit d'une villa boulevard Garavan, à des fissures de plafond et de petites lézardes dans les murs (66). On déplora également des chutes de plâtre dans cette localité ainsi qu'à Cagnes-sur-Mer et de Nice.(67)

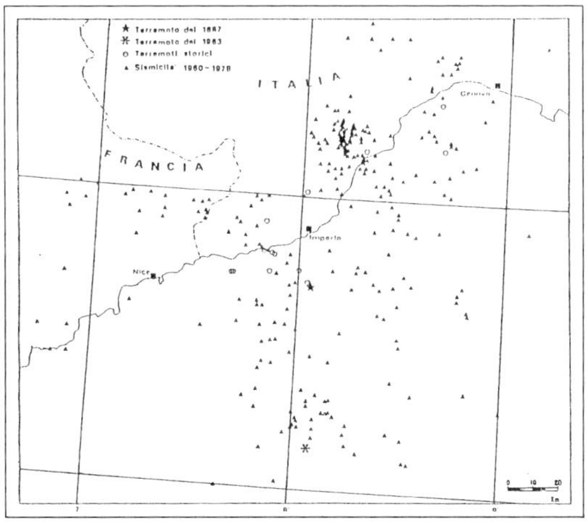

Carte des épicentres de la sismicité récente en mer Ligure (1960-1978) et des épicentres relatif à la sismicité historique.(57)

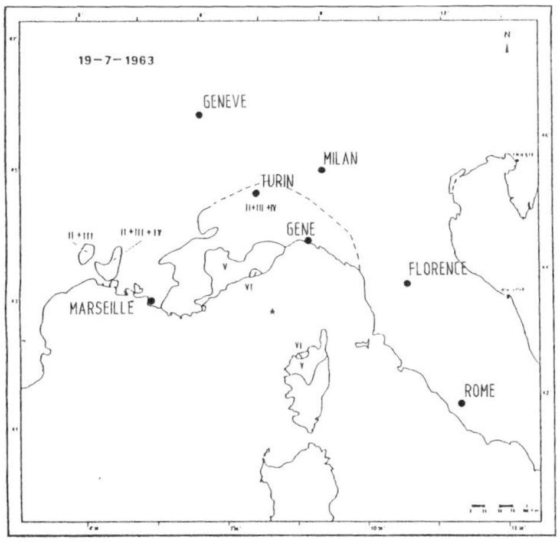

Carte des isoséistes du tremblement de terre en mer Ligure du 19/07/1963 pour toute l'aire ressenti.(57)

Cartes des isoséistes du séisme 1963. *(Capponi G, Eva C. Merlanti F.)*

Mardi 26 décembre 1989 : A 21 h une secousse tellurique d'une amplitude de 4°,3 sur l'échelle de Richter fut ressentie jusqu'à Marseille. L'épicentre a été localisé à 25 km au sud de Monaco par 43°,5 de latitude nord et 7°,5 de longitude est (68). Aucun dégât ne fut déploré.

Dimanche 15 avril 1990 : A 9 h 50 une secousse tellurique de magnitude 3°,5 sur l'échelle de Richter fait à nouveau frissonner la région. L'épicentre se situait en mer à environ 20 km au large de San Remo par 43°10 de latitude nord et 7°47 de longitude est (69).

Vendredi 21 avril 1995 : A 10 h 02 un séisme de magnitude 4,7 sur l'échelle de Richter, provoque l'évacuation de plusieurs bâtiments à Nice, Menton et Monaco. La secousse a été ressentie sur tout le littoral de Savone à Marseille. L'épicentre se trouvait à 15 km au sud-ouest de Vintimille et à 10 km au sud-est de Menton. Quant au foyer, il se situait à 13 km de profondeur sur la faille qui démarque le canyon de la Roya.
Quelques dégâts minimes ont pu être observé. Le secteur le plus affecté a été le village d'Airole en Italie, dans la vallée de la Roya. La mairie et l'église ont été fissurées et à 1 km du village sur les hauteurs de la rive droite de la Roya, l'auvent de la chapelle San Bernardo s'est effondré. A Menton un bruit rappelant

La secousse du 21 avril 1995 a été suffisamment forte pour faire basculer l'auvent de la chapelle San Bernardo (vallée de la Roya).
(Photos A. Laurenti)

celui d'une déflagration a été perçu par de nombreux habitants. Par contre le phénomène n'a pas été ressenti en Corse.
Au lendemain de cette secousse l'observatoire océanologique de Villefranche-sur-Mer a immergé un sismographe au-dessus de la faille active. Cette expérience a permis de relever une centaine de répliques en dix jours (70).

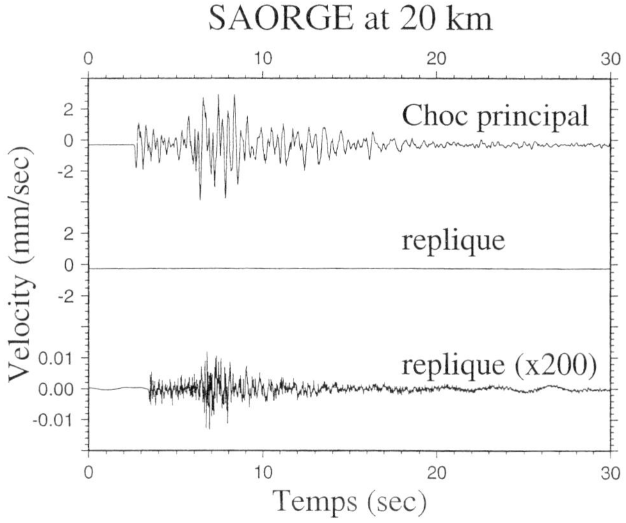

Enregistrements comparatifs de la composante verticale, à la station T.G.R.S. de Saorge pour le choc principal de magnitude 4.7 le 21 avril 1995 à proximité de Vintimille et pour une de ses répliques de magnitude 2.7 à 21h le même jour.

Réseau sismologique très large bande et grande dynamique. Très Grande Résolution Sismique (T.G.R.S.).
Institut de Géodynamique de Sophia-Antipolis.

Enregistrement du séisme du 21 avril 1995. *(Institut Géodynamique de Sophia)*

Jeudi 26 juin 1997 : Vers 8 h, une secousse d'une magnitude 3,8 sur l'échelle de Richter s'est produite dans la partie moyenne de la vallée de la Vésubie, le bas de la Tinée et dans la Bévéra.
A Lantosque, Clans, la Bollène-Vésubie, Roquebillière, le Moulinet ou Sospel, le réveil a été brutal. Un peu partout la secousse a provoqué quelques mouvements de panique. Aucun dégâts important dans la zone affectée dont le centre semble se situer entre la Bollène et Lantosque.
Comme ce fut le cas des habitants de Menton en avril 1995, ceux de la Bollène-Vésubie évoquèrent eux aussi le bruit d'une explosion précédent la secousse.
Par ailleurs, à Pons de Clans, Villars, St Martin-Vésubie ou même au Col de Turini, la plupart des gens n'ont rien remarqué. (79)

DECOUPAGE DES SECTEURS

Réalisation A. Laurenti

CHAPITRE DEUX

Le séisme du mercredi 23 février 1887 "Les détails"

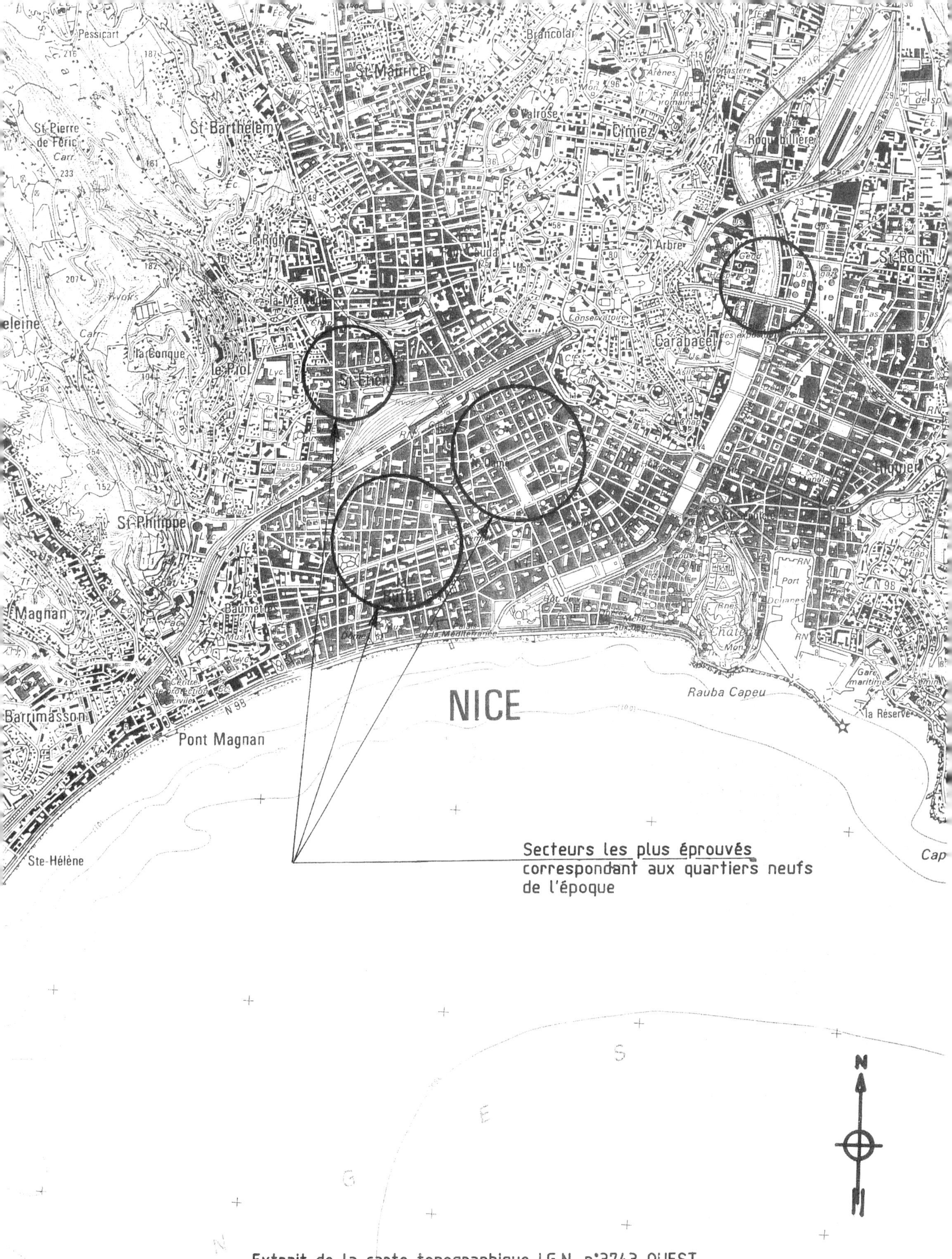

Extrait de la carte topographique I.G.N. n°3743 OUEST

1/25 000 ème

SECTEUR DE NICE

Le massacre des innocents

En ce mardi 22 février 1887, le soleil avait prématurément un caché printanier. Cette journée exceptionnelle était la bienvenue pour satisfaire les amateurs du XVème carnaval. Tous échauffés par les effluves bienfaisantes de l'astre, cette cohue joviale avide de se défouler, attendait avec impatience l'heure fatidique.
Soudain à quatorze heure précise, un coup de canon retentit. Aussitôt la population, dans une clameur indescriptible se déchaîne sous des nuées de confettis. Les gens sont vraiment décidés à enterrer dignement le souverain de la folie. Sa majesté au règne éphémère aura une fois de plus, fait oublier les soucis et les difficultés de la vie.
De "l'avenue de la Gare" au Garden Housse, il est difficile de se frayer un passage. Quelques personnalités se mêlent à cette liesse. On reconnaît à une table, le Prince de Galles, entouré par ses convives, Guy de Maupassant, Nietzche et bien d'autres.
Plus loin des bandes masquées surgissent dans un halo de poussière, de confettis et de serpentins. Certains bien protégés s'acharnent sur les spectateurs sans défense. Des groupes hilares dans une débauche de déguisements les plus divers, entonnent déjà le refrain populaire "Adiou paure carneval". Sur la place de la Préfecture, les tribunes sont prises d'assaut. C'est là que va débuter la distribution des bannières qui récompenseront les meilleurs chars et mascarades. Elle aura lieu après le premier tour du défilé, en attendant, les choix se précisent.
Les cinq lauréats sont à présent désignés. Le Comité permanent décerne le premier prix d'une valeur de cinq mille francs, au char intitulé "le massacre des innocents". Il représente treize innocents basculant sous le choc des balles de sciure de bois, lancées par des bourgeois amassés au-dessus d'eux. Quant aux autres récompenses, elles se succèdent sous des tonnerres d'applaudissements. Le Comité procède ensuite à la délivrance des bannières pour les mascarades à pied, pour les masques isolés et enfin pour les décorations de balcons.
Puis un nouveau coup de canon marque une interruption de deux heures avant la grande animation de la soirée.
Dans une cohue chahutante, le feu d'artifice est tiré depuis la place de la Préfecture. Pendant ce temps la foule se presse autour de chaque kiosque, on danse à n'en plus finir dans des tourbillons effrénés sous la lueur des lampions et des rampes de gaz. Dans les tribunes les mocoletti* s'allument de toute part. Au même moment arrive sur son âne l'éphémère monarque de carton. Cette veille des cendres lui est traditionnel-

lement fatale et voit ses rêves d'éternité partir en fumée. Placé au centre de la place, il disparaît aussitôt dans un immense brasier. Un cercle se forme autour du bûcher et chacun entonne le refrain traditionnel "Adiou paure carneval".
Des musiques entraînantes démarrent dans différents endroits de la ville, les retraites aux flambeaux s'organisent et un immense cortège se répand à travers la cité. Pendant ce temps, au théâtre municipal et au casino, des bals masqués font la joie des danseurs. Au petit matin chacun rentre enfin chez soi, harassé mais heureux d'avoir emmagasiné du plaisir pour une année.
* Mocoletti : bougie placée au bout d'une baguette.

Cette population si métamorphosée et tellement pleine de vigueur, ne pouvait pas soupçonner un instant, le terrible choc qu'elle allait subir. Ce merveilleux réveil de la communication dont les Niçois avaient perdu le secret depuis l'an passé, allait inconsciemment se poursuivre dans des circonstances dramatiques. "Le mercredi des Cendres a bien failli être celui des décombres" (1) indiquera la presse locale.
"Ce fut d'abord comme un frémissement lointain auquel on attachait peu d'importance, puis le bruit s'amplifia avec une extrême rapidité. Il était très particulier" racontera un témoin, "mais faute de comparaison meilleure, on pourra dire qu'il rappelait celui d'une grosse voiture lancée à une vitesse de plus en plus grande, il acquit bientôt une intensité épouvantable évoquant les éclats du tonnerre" (2). D'autres personnes compareront le bruit à un roulement sourd de canons traînés sur le pavé, ou au passage d'un train sur un pont métallique. Bref à 5 h 50 un terrible tremblement de terre secoue la cité du carnaval. "Tout craque, les murs, les meubles, les cloches tintent, les chiens hurlent à la mort" (1). C'est un déchirement total. Les gens se précipitent aussitôt dans les rues en criant. "Des femmes à peine vêtues, pleurent serrant dans leurs bras leur enfant arraché en toute hâte du lit. On cherche ses parents, ses amis" (1). Soudain à 6 h 05 une secousse légère affole encore plus la population. "Des femmes s'évanouissent, les bambins pleurent" (1), le spectacle est effroyable, hallucinant. Dans le jour qui naît, la désolation s'offre aux regards. On abandonne résolument les habitations pour atteindre au plus vite les moindres espaces découverts : plage, campagnes, squares, avenues…
En peu de temps, Nice a l'aspect d'un véritable bivouac d'une armée de campagne. En effet des campements se sont édifiés sur le boulevard de Cimiez. Les gens ont descendu les berceaux, des lits, des matelas, des chaises, des coussins, des couvertures. Certains emplacements sont occupés par des familles entières accompagnées de leurs enfants transits de froid, apeurés de voir l'affolement des parents.
"Sur la place Masséna aussi on apporte des chaises. Les femmes en haillons se mêlent à celles en robes de chambre à peluches les yeux cernés d'insomnie" (1) quant aux hommes, certains sont en caleçon et en pantoufles.
A la gare de nombreux touristes essayent de s'enfuir, les gens se précipitent et se massent avec des malles, des colis mais les guichets sont désormais fermés. Par mesure de

sécurité les trains ne circulent plus jusqu'à nouvel ordre. En attendant "la compagnie PLM met gracieusement des wagons à la disposition du public ainsi que des bouillottes" (4).
Décidément, comme les années précédentes, la période de Mardi Gras continue à subir la loi des séries. Il y a cinq ans, "le théâtre italien brûlait, puis se fut autour de la Jetée Promenade et enfin l'année dernière, deux trains entraient en collision près de Monte-Carlo" (3). On frémit en songeant à la catastrophe qui se serait produite si ce séisme avait eu lieu deux heures plus tôt. A ce moment-là, il y avait cinq bals masqués et au théâtre municipal plus de deux mille masques se pressaient dans l'établissement trop étroit.
Des bruits courent comme quoi l'observatoire du Mont Gros à Nice aurait annoncé de nouvelles secousses encore plus fortes. Quelques heures après, un crieur public dément formellement l'information et invite la population à garder son calme. La confiance ne restera pas longtemps dans l'esprit des gens, à 8 h 12 une nouvelle secousse sème davantage la panique. "On court au nouvelle, on télégraphie dans toutes les directions" (1). Monsieur le Comte Alziari de Malaussèna Maire de la ville, télégraphie à l'observatoire du Vésuve pour savoir si on devait craindre d'autres secousses" (3), sa demande restera sans réponse.
En quatre jours, ce sont près de 62.500 transmissions qui seront ainsi envoyées (9).
Un fait troublant fut observé à maints endroits de la ville, toutes les horloges publiques étaient arrêtées à la même heure.

Le Vieux Nice

Dans le Vieux Nice, les dégâts sont peu nombreux. Seul "le clocher de l'église St Augustin près de la caserne d'infanterie, a été démantelée" (1). La chute de matériaux a blessé grièvement un passant à la jambe, "M. Charles Blanchi qui devra plus tard être amputé. Une autre personne M. Delfino Dalmasso a été légèrement blessée" (3).
Deux autres blessés aux jambes sont à déplorer à la rue Pairolière également par la chute d'objets. "Dans la rue St Joseph, une maison est crevassée sur toute sa hauteur. Les occupants ont immédiatement évacué l'immeuble. Paradoxalement la tour St Jacques, place St François a été épargnée. Au château de Nice, un vieux pan de mur s'est écroulé. Rue Pontin, au troisième étage de la maison Giraud, une partie d'un mur menace ruine (1).
C'est à peu près tout ce que l'on déplore dans le secteur de la vieille ville.
En périphérie, le four d'un boulanger près du pont Garibaldi est partiellement détruit (1). Au n°13 de la rue Cassini, une femme de 28 ans malade depuis plusieurs jours, a été prise d'une congestion cérébrale, elle est morte de frayeur (3).
Mais tout ceci demeure sans comparaison avec la nouvelle ville "il n'est pas de maison qui ne soit visiblement crevassée et détériorée. Le nombre de façades lézardées, des balustrades et des cheminées tombées, des persiennes décrochées, des moulures

disparues, des plafonds écroulés, est incalculable" (3). A ce sujet, le Président du Conseil Général M. Durandy déclarera dans un journal "Ces immeubles construits dans un but de spéculation sont un danger permanent pour la sécurité publique et nous ne voyons pas d'inconvénient à ce qu'ils s'écroulent" (4).

L'école maternelle du quartier Saint-Etienne à Nice.
(reproduction A. Laurenti)

Quartier Saint-Etienne

Saint-Etienne compte parmi les quartiers les plus éprouvés. Juste en face l'église, la grande maison du curé Camous servant d'école maternelle communale, a eu l'aile droite complètement effondrée sur quatre niveaux. Les premières impressions des riverains convergent vers un sentiment de stupéfaction. Des vêtements pendent accrochés à des poutrelles brisées" (3). "Les pompiers épaulés par les militaires, fouillent les énormes quantités de décombres. Ce n'est qu'au bout de 2 h 30 que les secouristes finissent par dégager le corps inanimé de la directrice d'école Mme Cheylon âgée de 45 ans. Elle était originaire d'Avignon et comme si elle pressentait la triste fin qui l'attendait, elle avait demandé, trois jours auparavant, à l'inspecteur d'académie, l'autorisation d'aller à Marseille" (1).

En face, "l'église est lézardée de toutes parts, le clocher ne tient debout que par miracle, une large crevasse le coupe obliquement en deux parties" (5). "Un cordon de gendarmes et de policiers empêche l'approche jugée comme étant dangereuse" (1). A côté de l'église, le quatrième et le troisième étages de la maison Bensa se sont effondrés. L'une des deux personnes qui l'habitaient, n'était pas chez elle, l'autre M. Vivaudo employé aux tramways, a pu se sauver sain et sauf (1).

La panique est aussi grande dans la rue Dalbray où de nombreuses maisons n'ont plus, ni cheminée, ni muret de terrasse. L'une d'elles n'a plus de cloison, une autre est

dépourvue de toiture, certaines menacent ruine. Les habitants du quartier ont tous déserté les immeubles (1).
Deux habitations situées sur l'avenue de l'Exposition (rue du Rocher) sont en partie détruites. Monsieur Pugnaire qui occupait le deuxième étage de l'une d'elles, a été légèrement blessé à la jambe (1). Juste à côté, une partie de la toiture et du troisième étage de la maison Garrach, s'est écroulé (1).

Sud de la gare

Tous les plafonds de la villa Beauséjour rue Verdi sont tombés (3). Au n°7 de la rue Paganini, un mur pignon s'est écroulé sur une habitation moins haute, traversant le toit, les combles et atteignant la Comtesse Lisa Araldi qui était couchée au 3ème étage. Elle a été hospitalisée dans un état grave, souffrant d'une fracture à la jambe droite et d'importantes contusions au visage (1).
Au n°18 de la rue d'Angleterre, une maison s'est entièrement crevassée. Un peu plus loin au n°29, une partie de la toiture et d'un mur pignon de l'immeuble Béranger, se sont effondrés sur l'habitation voisine endommageant le toit et blessant aux pieds et à la tête, la concierge Mme Piana Marie (1).
Les villas Vaissier, Mariscart et Conte de la rue Hérold, ont eu les murs lézardé et les corniches détruites. Quant à celle de Dane, un mur menace de tomber (1).
Au n°19 de la rue Adélaïde (Paul Déroulède), tout un pan de mur est tombé sur le toit inférieur de la maison Luccio au n°17. Celui-ci provoqua l'effondrement partiel du 3ème et du 2ème étage. La famille Girard était couchée à ce moment là, seul M. Girard entraîné avec les gravats, a été grièvement blessé. Un enfant a subi également quelques légères blessures. Quant aux autres occupants, ils en furent quitte pour une grande frayeur. A tous les étages le mobilier a été dévasté (1 et 3).
Toujours dans la même rue, la maison Roux est en partie écroulée (5). Le plafond d'une autre demeure s'est écroulé. Les occupants se sont enfuis éperdue abandonnant au milieu des décombres, une pauvre vieille malade. Celle-ci a été peu après secourue et sauvée par Monsieur l'abbé, vicaire à l'église Notre-Dame (3).
L'église allemande (temple luthérien) située dans la rue d'Augsbourg (rue Melchior de Vogué) menace ruine.
Au n°9 de la rue de Russie, une maison est pratiquement inhabitable.
La rue Saint-Etienne (av. Georges Clémenceau) a été fortement éprouvée. La villa Belmare n'a plus ni balcon, ni corniche. Au n°49, une maison menace ruine, elle a été entièrement abandonnée par ces occupants (1). Au 36, les murs de la villa Olympia se sont crevassés et représentent un danger permanent. La façade du 37 menace de tomber. Au n°40 la maison Goduchet est complètement en ruine, il en est de même pour celle de Caravel au 52. Au n°45, un mur de la maison Meiffret menace ruine (1). Les villas, Mimosas, Talon, Vérola, Fouque, Ravel, Garacci et Pitaluga sont inhabitables (6). La maison Manéglia est toute démantibulée et décrépie (3).

Toujours dans la même rue, toute la façade ouest de la villa Saïda s'est écroulée sur la villa Nathal qui a été complètement défoncée. Plusieurs personnes se trouvaient à l'intérieur au moment du séisme, il y avait Mme Lafond, sa fille et deux domestiques. Mme Lafond a été complètement ensevelie sous les gravats, quant à sa fille Lucie réveillée en sursaut par le fracas abominable se trouvait cernée dans sa chambre, d'un côté par les décombres, de l'autre par un large trou béant au milieu du plancher. Les deux bonnes couchées au rez-de-chaussée, eurent le courage de monter. Elles essayèrent d'enfoncer la porte mais ne purent y parvenir à cause des gravats. Il fallut le concours d'une troisième personne pour arriver à l'ouvrir. On posa une planche sur le trou du plancher et on opéra le sauvetage de Mlle Lafond qui souffrait d'une plaie au front blessée par la chute d'une pierre. Puis se fut autour de la mère, on la retira de dessous les décombres dans un état critique (5). Son corps est couvert de contusions et c'est par miracle qu'elle n'ait point été tuée.
Un peu plus loin, une autre Mlle Laffont a voulu dans son affolement, sauter du premier étage. Dans sa chute elle se blessa légèrement à la tête, ces jours ne sont pas en danger. Par ailleurs "Madame Musinoff a été touchée sans gravité à la tête par la chute de plâtre" (3).
Sur l'avenue de la Gare (Bd Jean Médecin) une dizaine de bâtiments ont été fortement ébranlés surtout dans les étages supérieurs (24). Les plafonds du restaurant français sont tombés ainsi que les glaces intérieures (3).
En face la gare, on déplore des dégâts à l'hôtel pension de Genève. Dans la rue d'Italie la villa Magnan a été crevassée (1). Il en est de même pour la maison Séméria rue de la Paix (av. Georges Clémenceau) (3).

Au sud du Bd Victor Hugo
A l'angle du boulevard Gambetta avec celui de Victor Hugo, se dresse sur cinq niveaux, au n°31 à côté de la villa Natal, l'immeuble Audibert. Les combles de cette construction ainsi qu'une partie du mur pignon se sont effondrés sur la villa Natal placée en dessous, défonçant la toiture, les escaliers et les planchers jusqu'au second étage. Les six occupants étaient dans l'impossibilité de fuir, le sauvetage s'est effectué par les fenêtres à l'aide d'échelles. Parmi les personnes sauvées, une jeune fille Mlle Chapelée est restée ensevelie pendant un bon moment sous les débris d'un plafond (3).
A proximité, dans la maison de M. Coppon toute la cuisine du premier étage a été démolie. M. Ashway fils du consul américain à Nice, qui était couché au moment de la catastrophe, a été gravement blessé au visage par la chute de gravats.
Toujours dans le bd Victor Hugo, la villa Cardon est menacée par un mur en ruine (1).
Au bd Gambetta une fillette de 14 ans a été touchée à la tête par des chutes de matériaux, alors qu'elle était sur un balcon (3).
Rue St Philippe, les murs de la terrasse et les cheminées de la villa des Colonnes sont tombées et la maison menace ruine.

Effondrement partiel d'un mur pignon sur la villa Nathal, boulevard Gambetta à Nice.
(reproduction A. Laurenti)

Par ailleurs deux personnes ont sauté par la fenêtre du rez-de-chaussée. L'une d'elle, une jeune fille, est tombée sur la tête au sous-sol (1).
Au n°30 de la rue de France, on déplore une maison inhabitable (3).
Dans la villa Usquia rue Meyerbeer, le séisme a provoqué un massacre au niveau de la verrerie et des faïences (3).
A la rue Cotta (rue Maréchal Joffre) le crédit foncier a eu le toit détérioré (3).
Sur la place Masséna, des corniches et des balustres ont été précipitées au sol. Elles ont d'ailleurs failli atteindre un garçon du restaurant Victoria qui rentrait chez lui. Non loin d'ici, la toiture de la maison Vogade s'est partiellement effondrée (8).
Au n°7 de la rue Paradis, une habitation menace de tomber. A la rue Maccarani une maison a perdu sa toiture et l'escalier (6).

Est de l'avenue de la gare (Bd Jean Médecin)
Dans le boulevard Dubouchage, l'intérieur de l'hôtel des Empereurs a énormément souffert. Ce ne sont que cloisons crevassées ou écroulées, portes démantelées et murs entrouverts (5).
Plusieurs habitations de l'avenue Notre-Dame et de la rue Lamartine pourraient courir de graves dangers au cas ou une nouvelle secousse viendrait à se produire (3).

Non loin de là, au numéro 20 de la rue Valperga, le bâtiment Eyguesier a été décollé de celui attenant (1).
Rue Gioffredo le petit magasin de menuiserie attenant à la maison Bermond fut entièrement démoli par la chute d'une corniche de ladite construction (3).
Dans la montée de Cimiez, la conciergerie du couvent Ste Ursule a été la proie des flammes. La famille et ses neuf enfants en furent quitte pour camper en plein air (7).

Quartier du port

La préoccupation essentielle des gens est de s'assurer un abri pour la nuit. Aussi de nombreuses personnes se rendent au port dans l'espoir de trouver sur des navires, refuge et sérénité.
Le "Persévérant" et le "Spahis" sont pris d'assaut. Les cabines se négocient jusqu'à 40 F la nuit, landaus et voitures se louent à prix d'or. Face à la demande importante, les enchères grimpent encore plus, certaines locations atteindront 150 F la nuité.
D'un côté plus humain, le capitaine du chaland "Bonnardel" hébergera gratuitement 80 personnes durant deux nuits.
Lors de la secousse, le niveau de la mer a subi le contrecoup des trépidations. Dans le nouveau bassin du port, le niveau de l'eau est monté brutalement de 50 cm pour en baisser d'autant. Par ailleurs, ce phénomène observé par plusieurs personnes, a gravement endommagé des embarcations qui ont chassé sur leurs amarres (1).
Non loin de là, sur la nouvelle route de Villefranche (Basse Corniche), Monsieur Frédéric Roux âgé de vingt-cinq ans, cuisinier au petit séminaire, se rasait la barbe quand la secousse l'a surpris. Il s'est fortement entaillé le cou (1).

Secteur Palais des expositions

Sur le quai place d'Armes (Avenue Gallieni), la maison Bermond du dentiste Clément a eu les planchers crevassés. A l'usine à gaz, un gazomètre a été crevé et les cheminées de l'usine ont été ébranlées. L'une d'elles s'est à moitié écroulée (1).
Près de la gare de Riquier Madame Dalmas qui à quatre heures du matin venait d'accoucher, a vu le toit de sa chambre s'écrouler sur son lit. Elle a réussi à se sauver indemne avec ses deux enfants (3).
Sur la route de Saint-Pons (avenue Maréchal Lyautey), le toit de l'hospice des vieillards s'est effondré blessant deux personnes (3). Dans le secteur, six maisons sont déclarées comme étant inhabitables (4).
Sur le quai Saint-Jean Baptiste (avenue Félix Faure et St Jean Baptiste) proche du grand café, la partie d'une corniche d'un immeuble a été détruite.
A la rue St Roch et au boulevard de Riquier on déplore la chute de nombreuses cheminées et corniches (3).

Dans le lit du Paillon au-dessus du Pont Vieux, au droit du lycée Masséna, un large puits plein d'eau tiède s'est creusé au moment du séisme.

Quartier St Barthélemy
La maison Gastaud, fortement endommagée, est devenue inhabitable (1).
Celle de Bensa s'est écroulée. Les occupants, un couple de cultivateurs argentins, ont été blessés et se trouvèrent sans abri et sans ressources (4).

Quartier du Ray
Madame Dalmas dormait à l'étage supérieur, lorsque soudain le plancher de la chambre s'effondra à l'exception fort heureusement, de la partie qui supportait le lit. Elle vit un vide s'ouvrir instantanément devant elle (4).

Quartier de Rimier
Trois maisons sont pratiquement inhabitables (4).

Quartier St Sylvestre
La maison Dalmas s'écroula laissant sans ressources et sans abri, la famille Navello dont la mère était enceinte de six mois (6).

Quartier de l'Arbre Inférieur
Quatre ou cinq maisons furent lézardées et nécessitèrent de grandes réparations (4).

Peu à peu la population reprend son calme et la vie s'organise. A la gare, la circulation des trains a été rétablie vers l'ouest. C'est l'occasion tant attendue pour fuir, quitter ce pays devenu instable, invivable. Les hôtels se vident, les quais sont noirs de monde, les trains partent bondés. Les répliques sont en train d'enlever à Nice des centaines de ses hivernants. Ainsi près de "quatorze mille personnes fuiront la ville" (5).
Quant aux habitants, ils éprouvent encore de la crainte et se dispensent de rentrer chez eux. Dans la cour de la gare et sur les terrains vagues contigus au Terminus hôtel, le long de la Promenade des Anglais et sur la plage, partout des campements continuent à s'édifier. A la demande de l'autorité civile, des toiles sont dressées sur les places de la Liberté, de Garibaldi, des Phocéens, par le génie militaire et réservées aux familles nécessiteuses.
Dans la nuit du 23 au 24 février vers minuit, un évènement s'est produit au jardin public; une femme a accouché, elle n'a pas voulu prendre le risque de rentrer chez elle. Les premiers soins lui furent prodigués à l'intérieur même du jardin (6).

Afin de limiter les cambriolages, sur l'ordre du commissaire central, des patrouilles surveillent les maisons abandonnées (1).
Quatre sous-commissions municipales ont été nommées pour inspecter l'état des bâtiments suivant des secteurs définis. Elles visitent indistinctement tous les immeubles et dressent une liste des avaries. Les maisons qui ne pourront supporter les réparations seront rasées par ordre.
A l'intérieur d'un périmètre comprenant le quartier de St Etienne et le Sud de la Gare depuis le vallon de Magnan, jusqu'à l'avenue de la Gare (Bd Jean Médecin), 18 maisons nécessiteront l'évacuation pour d'importantes réparations.
Dans le quartier situé entre la voie ferrée, le Bd Carabacel, l'avenue de la Gare et le Paillon, 14 habitations devront être évacuées partiellement pour les mêmes raisons.
Entre le Paillon, la route de Turin, le Bd de Riquier et la mer, 15 immeubles subiront un traitement identique.
Par ailleurs en banlieue, la sous-commission fait état d'un grand nombre de maisons mal construites qui exigeront la démolition (9).
Le bilan définitif se résumera pour Nice, à un immeuble effondré, quatre dont la démolition complète sera ordonnée et quarante-sept qui devront subir des réparations plus ou moins importantes.

Les témoignages

Monsieur Stanislas Meunier aide naturaliste au Muséum de Paris, était de passage à Nice lors du séisme, son témoignage est bouleversant : "Toute la chambre se mit à vibrer, les vitres, les portes... Subitement mon lit se mit en mouvement, d'abord des pieds vers la tête, puis transversalement de mon pied droit à mon épaule gauche et je ressentis une quinzaine au moins de chocs rapides donnés comme avec fureur alternativement dans deux sens opposés... J'entendis ensemble les cris de la rue, les hurlements de nombreux chiens, la chute de lourds matériaux et le frôlement contre les fenêtres des bambous du jardin bien qu'il n'y eût pas de vent".
Monsieur Perrotin Directeur de l'Observatoire de Nice précisait que la première secousse avait eu lieu à 5 h 59. Il estimait la durée à près d'une minute. Eveillé avant le séisme, il a pu en observer toutes les péripéties. "Faible d'abord, la secousse alla en augmentant avec une étonnante rapidité expliqua-t-il. Il voulut se lever, mais ne pouvait se tenir debout; le plancher oscillait de l'est à l'ouest d'une façon extraordinaire. Les oscillations à assez longue période, étaient accompagnées de trépidations d'une violence inouïe de très courte durée. Le tout avec un bruit continu très intense". A l'observatoire, il s'est produit quelques légères lézardes dans l'étage supérieur, au-dessus des ouvertures (10).
Monsieur Guy de Maupassant était lui aussi à Nice au moment du tremblement de terre. Il a décrit les impressions que ce phénomène lui a laissées, dans le "Littoral Illustré".
"Il semble que ce phénomène bizarre laisse en nous une émotion très spéciale qui n'est point la peur connue dans les accidents, mais la sensation aiguë de l'impuissance

humaine et de l'instabilité. Contre la guerre, il y a la force; contre la tempête, il y a l'adresse; contre la maladie il y a le remède et le médecin, efficace ou non. Contre le tremblement de terre, il n'y a rien, et cette certitude entre en nous, bien plus par le fait lui-même que par le raisonnement.
Le refuge de tout homme qui souffre, de tout homme menacé, c'est son toit, c'est son lit. Or, dans ces crises de la terre, rien n'est plus redoutable que le lit et le toit. Alors, l'impossibilité de rentrer chez soi fait de l'homme, une bête errante; perdue, affolée, qui s'enfuit, et qui porte en elle une angoisse nouvelle et imprévue, celle du civilisé forcé de camper comme l'Arabe.
Et puis, pour tous les gens de Nice que j'ai rencontrés cherchant refuge autour de la ville d'Antibes où aucune maison n'est tombée, il semble que l'émotion ait été accrue par la curieuse coïncidence de l'effrayant sinistre fermant le carnaval. Ils avaient vu des masques tout le jour d'avant; ils s'étaient couchés et endormis avec ces visages, ces grimaces, ces figures grotesques dans les yeux; et voilà qu'ils s'éveillent au milieu d'une ville croulante et d'un peuple fou d'épouvante.
Et ce contraste a dû en effet frapper leurs âmes étrangement, y produire un travail mystérieux qui servirait dans un siècle de foi à consolider une religion car je sens moi-même que ma lecture du soir, précédant de quelques minutes le sommeil, cette histoire d'un soldat, Poeuf, qui a tué son supérieur par jalousie, reste et restera liée en mon esprit à l'émotion du tremblement de terre. Chaque fois que ma pensée retourne à l'accident, le souvenir du roman me revient plus vif que celui d'aucune autre lecture et les faits qui y sont racontés se mêlent malgré moi, aux faits réels de la nuit (47)."

Quittons Nice en proie à un profond émoi et penchons-nous maintenant sur l'arrière pays. Il est important et à la fois utile d'en connaître les effets.
Parmi les nombreux documents existants, seuls quelques procès verbaux de gendarmerie et bien sûr, la presse locale, retranscrivent les impressions et les dégâts. Les descriptions sont certes brèves mais paraissent suffisantes pour bien comprendre ce qu'ont ressenti les populations rurales.

Saint-André
D'après l'état présentant les dégâts par commune et établi par la Préfecture de l'époque, celui-ci consigne une maison détruite et deux très endommagées.
Quant aux Archives Départementales, elles nous apprennent qu'une trentaine d'habitations furent lézardées (22).

La Trinité Victor
La première secousse commentera la presse, a été ressentie à six heures, elle a duré vingt secondes; la deuxième huit minutes après et la troisième s'est produite à 8 h 35.

SECTEUR N°1

Le Pays niçois et le bassin du Paillon

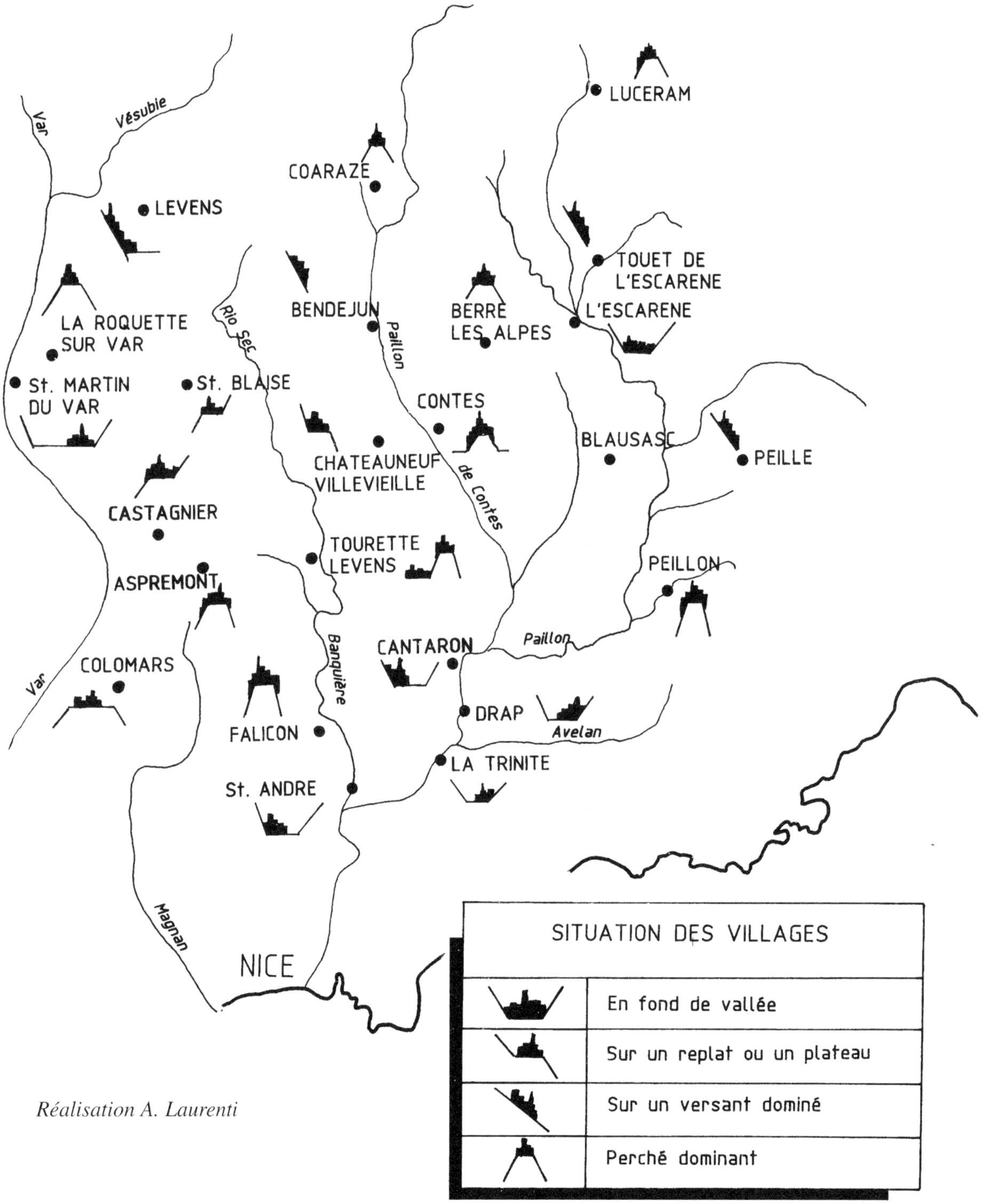

Réalisation A. Laurenti

La maison du métayer de Mme Formento au quartier de Paillos, s'est partiellement écroulée. Heureusement les occupants étaient sortis.
La demeure du "facteur boîtier" a été très éprouvée; une poutre s'est affaissée et le toit a subi d'importants désordres.
Les murs du deuxième étage de l'école ont été lézardés en plusieurs endroits. Bref sept maisons au total, furent déclarées inhabitables.
Il n'y a pas eu d'accidents de personnes mais les habitants passèrent la nuit au rez-de-chaussée de leur maison, autour d'un bon feu (4).

Falicon
Beaucoup de frayeur ici, mais pas de victime à déplorer.
Le mouvement ondulatoire paraissait suivre la direction sud-est, nord-ouest.
Trois maisons furent très endommagées et une inhabitable. Quant à l'église, la voûte fut lézardée (11).

Drap
Toutes les maisons ont tremblé sur leurs fondements provoquant une grande panique. Neuf habitations furent très éprouvées dont l'une devra être démolie et trois autres le seront partiellement. Vingt-neuf subirent divers dégâts. Parmi les plus endommagées, la presse cite celles de Mlle Arnulf, de Mmes Levesi, Gaudo, de MM Novi et Gras Antoine. Dans les deux premières, les plafonds s'écroulèrent, la toiture se fendit, les murs disloqués tombèrent en partie et c'est un vrai miracle si personne ne fut enseveli sous les décombres. Une partie du château de Drap s'écroula et ce qui resta debout se trouva fortement endommagé.
Les habitants profondément émus, campèrent dans les prés et les jardins (6).

Cantaron
Les dégâts matériels furent modérés, presque toutes les cheminées du hameau s'écroulèrent et une partie des plafonds du logement de l'instituteur, tombèrent avec fracas.
Mais rien n'est comparable avec le hameau voisin de Bordina où neuf maisons sur dix s'effondrèrent et devinrent inhabitables. A la nouvelle de ce désastre, le docteur Dalbers, Maire de la commune accompagné de plusieurs habitants de Cantaron s'empressèrent de porter secours et de déblayer les décombres pour en retirer des vivres indispensables.
Tout comme Madame Raybaut qui fut atteinte à la tête par la chute d'une tuile, plusieurs personnes furent légèrement blessées, d'autres miraculeusement sauvées comme cc bébé qui fut, dans son berceau, couvert de matériaux.
Les hommes logèrent sous des tentes tandis que les femmes et les enfants furent recueillis par les habitants des hameaux voisins (7).

Peillon

La consternation est générale. Toutes les maisons sont endommagées quatre entièrement détruites et une partiellement démolie. La Mairie et l'école sont lézardées et les plafonds menacent ruine. Il n'y a pas eu d'accident de personne.

Par ailleurs, plusieurs éboulements de rochers ont causé d'importants dégâts (11).

Peille

La moitié du village est inhabitable, les maisons sont crevassées ou à moitié détruites. Une quarantaine d'habitations devront être reconstruites en totalité ou bien en partie. L'église quant à elle, n'a guère souffert (12). Selon la préfecture trois constructions auraient été détruites et trente-neuf le seraient en partie, ce qui confirme les faits relatés par la presse.

Tout le monde ici, a pu fuir à temps et les habitants campèrent en rase campagne (4).

L'Escarène

Aucun accident de personne ne fut signalé, seules quelques cheminées chutèrent. Toutefois la presse indiqua un éboulement entre l'Escarène et Sospel, sur une distance de cent mètres empêchant toute circulation (8).

Touët de l'Escarène

Pourtant non loin de l'Escarène, plusieurs maisons furent ici lézardées et les habitants paniqués, campèrent dans les campagnes.

Au-dessus du village, aux lacets qui mènent au col de "Braous", la route s'effondra sur cinquante mètres (1).

Luceram

On déplore peu de dégâts à part la chute de quelques cheminées et l'effondrement de la partie supérieure du clocher entraînant la croix de l'église paroissiale (3).

Berre les Alpes

Les dégâts sont énormes, pas une maison n'a été épargnée et huit ont été jugées inhabitables. Les rues du village sont en certains points obstruées par les décombres. La maison d'école et l'église ont particulièrement souffert. La population entière a été obligée de quitter le bourg pour aller camper dans les campagnes.

La presse fait appel aux personnes généreuses pour venir en aide aux sinistrés (7).

Contes

Le séisme a causé à Sclos d'importants désordres, l'église Sainte-Hélène a été lézardée et son orgue définitivement détruit. Le quartier de l'Avalanca fut particulièrement touché. Les éboulements formèrent sur le ruisseau de l'Ibac, un barrage qu'il fallut rapidement détruire. Le pont fut sérieusement ébranlé et dut faire l'objet de travaux de consolidation. A Contes il y eut quarante familles sinistrées. On déplore une douzaine de toitures effondrées, deux maisons écroulées et trente-deux endommagées. Les dégâts dans les bâtiments publics furent également considérables. L'église de Contes menaçait de s'écrouler, le presbytère, le palais de Justice, la chapelle Saint-Jean, l'école, la digue furent particulièrement touchés. Enfin à la Vernéa, le presbytère fut en partie détruit (23).

Châteauneuf de Contes Ville Vieille

On déplore au total une maison détruite, douze partiellement écroulées et une cinquantaine lézardées. L'église de la Madone subit de graves dommages à la toiture et à la voûte.
La presse relate que l'habitation de M. Mari Camille employé de Mairie à Nice, a eu l'intérieur dévasté. Les occupants ont échappé par miracle en sautant par la fenêtre.
Vers neuf heures, alors que les élèves étaient en classe, une nouvelle oscillation très forte du bâtiment a effrayé les enfants qui se sont enfuis chez eux (6).

Bendejun

Divers sinistres sont à signaler sur toutes les maisons. L'église est lézardée, la chapelle des pénitents blancs s'est écroulée, le clocher a perdu son équilibre, la chapelle Saint-Joseph est gravement lézardée. Cinq maisons sont inhabitables, entre autre le plus fort bâtiment des hoirs Martini (colonel). Le château de la Comtesse Avet est gravement endommagé. La vieille maison d'école est dans un état pitoyable (16).

Coaraze

La secousse dura vingt-cinq secondes, cinquante-sept habitations furent lézardée et vingt-six détériorées. Parmi celles-ci, la maison commune se trouva toute délabrée et le plafond de l'école des garçons grandement endommagé. La population effrayée se réfugia en grande partie, sur la place du château (6).

Tourrette de Levens

Le Phare du Littoral, précise que deux maisons s'écroulèrent (6). En fait, le séisme a causé d'important dégâts dans cette localité, en endommageant cent-deux immeubles dont vingt-deux furent en ruine ou gravement touchés.

Aspremont

Il est fait état seulement de quelques dégâts matériels (11).

Colomars

Quoique aussi violent qu'ailleurs, le séisme n'a occasionné que des dommages relativement faibles, seules quelques cheminées sont tombées (24).

Castagniers

Ici, quatre bâtiments se sont écroulés et quarante plus ou moins lézardés. L'église a perdu son clocher et le presbytère est en ruine, les offices ont lieu sur la place publique. Plusieurs personnes n'ont dû leur salut qu'à une fuite précipitée sans avoir eu le temps de prendre leurs vêtements. La population passa la nuit sous les oliviers ou dans les caves (25).

Saint-Martin-du-Var

Plusieurs maisons s'effondrèrent, aucune personne ne fut blessée (6).
Dans les Archives départementales, on y apprend que la mairie, la gendarmerie, le presbytère et quelques habitations furent sérieusement endommagés (22). On déplore sept maisons inhabitables, vingt-quatre très abîmées et quinze endommagées.

La Roquette sur Var

Le grenier d'une habitation s'effondra, la mairie et l'église se fissurèrent, les chapelles Madona et Ste Catherine furent abîmées.
Par ailleurs quatre bâtiments ruraux et quelques granges furent dévastés.

Saint-Blaise

Plusieurs cheminées tombèrent sous les secousses et quelques maisons eurent des cloisons et des planchers légèrement lézardés. L'école et le presbytère souffrirent grandement, les murs furent lézardés en maints endroits et les toitures très endommagées. L'église quant à elle, n'a pas souffert (2). Au total seize maisons furent endommagées.

SECTEURS N°2 et N°3
Les vallées de la Roya et de la Bévéra

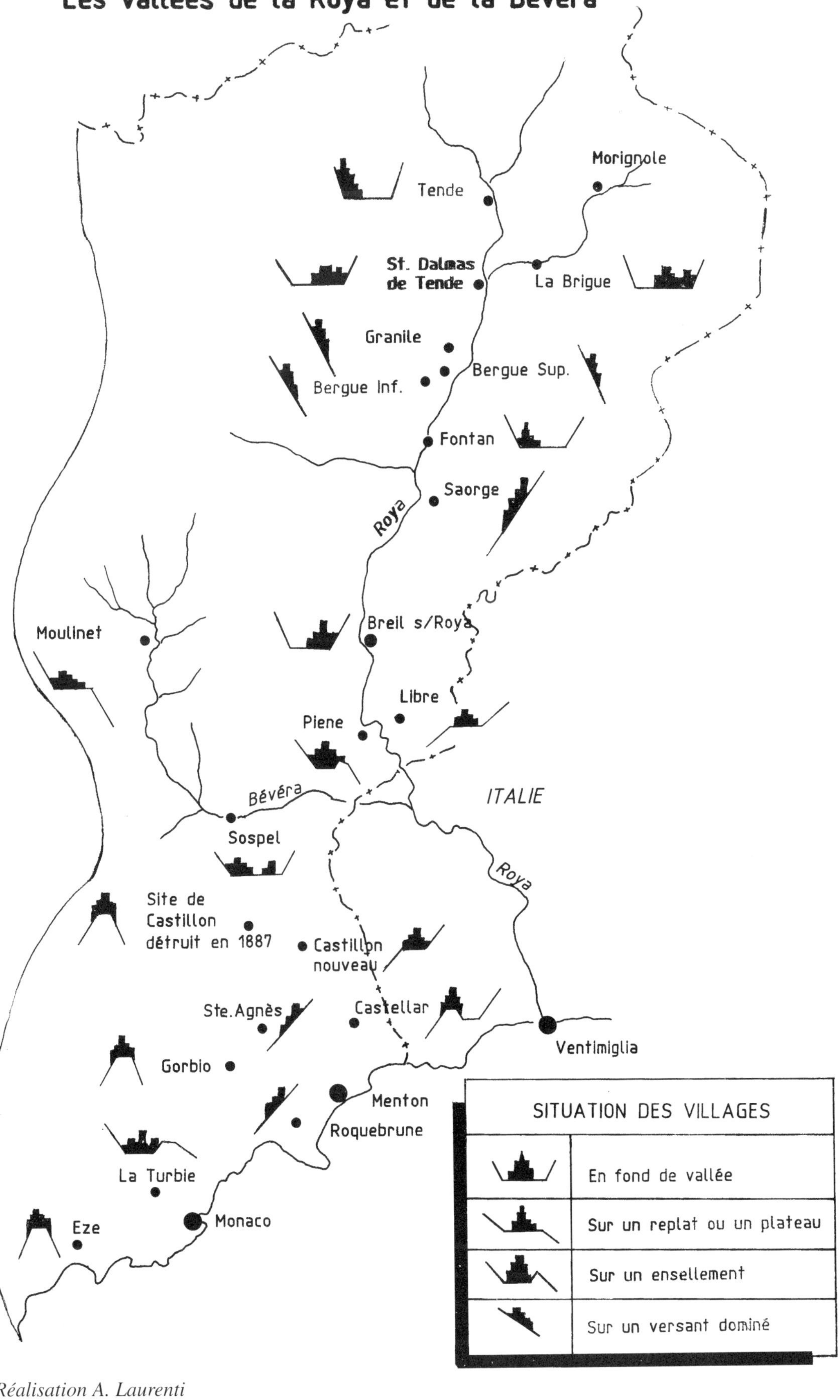

Réalisation A. Laurenti

LA VALLÉE DE LA ROYA

Les renseignements sur la vallée de la Roya, sont peu nombreux. Il est probable que les effets aient été atténués.

Ventimiglia

Cette ville frontalière a été certes éprouvée mais elle a beaucoup moins souffert que Menton.
Un employé de la Régie française, Monsieur Silvi, fut surpris par l'effondrement des étages supérieurs de la maison qu'il habitait. Il sauta par la fenêtre du premier et se blessa grièvement au pied (14).
La presse française mentionna que quelques immeubles furent endommagés et qu'une femme fut légèrement blessée.
On déplora également des dommages aux édifices publics. Ainsi les lycées, les écoles élémentaires, les immeubles du cadastre et des finances, sont en partie écroulés. L'église St François est légèrement ébranlée mais toutes les traces de la catastrophe seront rapidement effacées (18).

Breil sur Roya

La chapelle de la Miséricorde et l'église paroissiale furent crevassées. Le curé qui, au moment du séisme disait la messe, fit sortir au moment de l'offertoire, le public. Les maisons de MM. Ghirardi, Torelli, Bergondi et Bermondi, furent lézardées. Par ailleurs les habitations de campagne appartenant à MM Rey, Robiolis et Revelli situées aux quartiers de la Pinea, de Bourgemo et de Peuil sur la rive droite de la Roya, ont beaucoup souffert (7).

Saorge

Les oscillations brusques et saccadées étaient dirigées du sud-est au nord-ouest. Aucun accident ne fut déploré. Cependant plusieurs maisons se lézardèrent et une pierre énorme roula à quelques pas du village jusqu'au chemin, emportant tout sur son passage (11).

SECTEUR MENTONNAIS

Castillon

S'il est un village qui ait souffert de ce cataclysme Castillon est celui qui en a été le plus meurtri.

Cette ancienne localité a eu sa place dans l'histoire grâce à sa position stratégique surplombant le passage obligé pour se rendre à Sospel. Elle a survécu ainsi aux nombreuses invasions mais ne pouvait pas soupçonner une fin si brutale.

Les coteaux de Castillon fournissaient un vin de pays exquis et réputé, la pomme de terre y était aussi célèbre, également les fruits des vergers, le lait de chèvre et de vache, toute la population était essentiellement pastorale.

Déjà, le 30 juin 1886, un violent orage de grêle avait détruit toutes les récoltes. Huit mois après, le séisme anéanti toute espérance, plus d'abri, plus aucun moyen d'existence, sans récolte et sans argent, bref la misère la plus totale.

Les ruines du village de Castillon subsistèrent jusqu'au moment où fut creusé le Fort avant 1935.
(reproduction A. Laurenti)

Il ne reste qu'un amas informe, horrible à parcourir, des poutres, des gravats, de vieux meubles dont une partie s'est éboulée sur les parois du versant sud. Des pans de murs ne tiennent plus que par miracle. On ne reconnaît même plus l'emplacement de certaines rues (25).

On procède activement au déblaiement des décombres et on travaille à consolider ou à démolir les maisons menaçant ruine (20).
Un détachement du 24ème chasseur vint prêter main forte en mettant à la disposition des autorités civiles une section de vingt chasseurs à pied.
Une vingtaine de blessés furent acheminés à l'hôpital de Sospel, par contre deux enfants furent retirés inanimés des décombres (25).
Parmi ce monceau de ruines, seuls l'école, la maison du maire, le presbytère et l'église ont été épargnés, le clocher quant à lui, est tellement lézardé de haut en bas que sa démolition est inévitable (5).
Le préfet des Alpes-Maritimes, M. Henry et les députés MM Borriglione et Roure se rendirent sur les lieux. Ils constatèrent que sur 67 maisons dont se composait le bourg, 46 furent absolument inhabitables et devront être complètement réédifiées, quant aux autres, elles furent plus ou moins atteintes, aucune ne resta indemne (37).
Le village ne tardera pas à n'être plus qu'un souvenir. Les habitants l'abandonnèrent par la suite, pour l'édifier vingt mètres plus bas, au col géographique. Plus tard il fut à nouveau détruit mais cette fois par un bombardement allié en 1944. Il sera finalement reconstruit à l'emplacement que l'on connaît aujourd'hui.
Dans la revue scientifique du 1er semestre 1887, un article tente de fournir une explication sur la destruction de Castillon.

Aucun village en France, n'a été abîmé autant que celui-ci.
La partie supérieure de la montagne est toute disloquée. Elle est formée par l'adossement de couches très inclinées. Ce sommet disloqué est d'une faible épaisseur. La forme de la montagne est celle d'une lame de couteau inclinée obliquement du sud au nord et la partie ouest est presque verticale. Les stratifications du terrain dans ces divers sens ne donnent

aucune solidité aux maisons bâties sur le sommet. Le village n'est pas bâti directement sur le rocher comme à Monaco, mais bien sur des éboulées et sur des vides comblés par de l'argile. Or si des matières molles ou des masses lâches reposent sur la roche dure et solide, la moindre vibration de la base suffit pour produire un ébranlement des masses molles. Il se produit le phénomène qu'on peut si facilement répéter avec de la poudre fine qu'on place sur une plaque dense qu'on fait résonner. Le mouvement vibratoire se transmettant de la roche compacte aux formations meubles tend à projeter ces dernières (42).

Castillon au lendemain du tremblement de terre.
(reproduction A. Laurenti)

Castellar

Presque toutes les habitations du village ont été lézardées et plus particulièrement l'école, la mairie et l'église, fermées d'ailleurs par mesure de sécurité (14).
L'édifice religieux a subi de fortes dégradations. On raconta que le sacristain s'était endormi dans le clocher et n'a pas sonné la messe. C'est cette circonstance qui a sauvé un grand nombre de personnes qui au moment du séisme, devaient prendre les cendres (9).
La population, grâce aux exhortations de l'instituteur a conservé tout son sang froid.
Des bivouacs ont été installés sur la place et sur les terrains voisins.
Plus tard, une personne de l'art viendra consulter les établissements publics et les maisons afin de prendre les mesures nécessaires (14).

Sospel

Les communications télégraphiques s'interrompirent entre Nice et Sospel (4).
Un très grand nombre de maisons furent lézardées et des cheminées renversées. La grande église paroissiale a été fortement ébranlée et son clocher légèrement déplacé. Les voûtes montrèrent de nombreuses fissures.
Au cours de la nuit, beaucoup d'habitants campèrent ou se réfugièrent dans les écuries et les rez-de-chaussée.
Sur plusieurs versants des montagnes qui environnent Sospel, d'énormes blocs d'environ 10 m3 s'éboulèrent dans les vallées (25).
Le Ministre de la Guerre adressa à l'Académie des Sciences, un rapport sur les dégâts occasionnés dans les ouvrages militaires du fort du Barbonnet situé au col Saint-Jean au sud-ouest de Sospel.
Le bâtiment des bureaux du génie militaire a eu ses murs pignon nord et sud séparés d'un centimètre.
Dans les voûtes du fort il s'est également produit de nombreuses fissures. Une fente générale s'étend sur toute la longueur du fort dans le sens nord sud. Le magasin à poudre et celui aux agrès attenant, ont été sensiblement endommagés. La citerne affectée à la tourelle nord, présente une fente d'un centimètre en travers de la voûte supérieure. Cette citerne qui était pleine et étanche, a baissé d'un mètre quarante en vingt et une heures. Des fissures se sont aussi produites à la tourelle nord, il en est de même des escarpes et des contrescarpes.
Les officiers ont constaté que la montagne du Barbonnet a été fendue sur toute sa hauteur par des fissures qui se reproduisent dans tous les lacets de la route militaire. Ces fissures, au niveau du col Saint-Jean, n'ont pas plus de 3 millimètres, mais elles en ont 10 à l'entrée du fort.
Il est également précisé dans ce rapport que c'est à la mauvaise constitution du sol qu'il faut attribuer les accidents survenus au Barbonnet, car les autres forts, construits sur des terrains plus homogènes, n'ont subi aucune dégradation.

Le Moulinet

La secousse a été telle qu'en un clin d'œil tout le monde a été sur pied, suivi d'un sauve-qui-peut général.
Tous les habitants se trouvaient pêle-mêle grelottants de froid, la plus grande partie sur la place du nouvel Hôtel de Ville, encore recouverte d'environ cinquante centimètres de neige. L'autre partie sur la place St Roch et sur la route de Borromet (14).
Seule l'école, la mairie et la maison du maire ont un peu été ébranlées et fissurées (25).

Sainte-Agnès

La première secousse a duré entre 25 et 30 secondes. Elle a été si forte que des maisons se trouvaient menacées. En effet, des rochers se détachèrent de l'ancien château et des maisons de campagne se sont écroulées (6).

D'autres rochers se sont détachés des montagnes volant dans les bas fond avec un bruit épouvantable.

Les Cabrolles, petit hameau de la commune, dans le vallon du Borrigo, a été endommagé d'une manière effroyable, toutes les maisons ont été fendues de haut en bas et plusieurs jetées à terre (11).

Gorbio

Plusieurs maisons sont lézardées dont l'école et une femme a été blessée par un éboulement.

Des habitations sont gravement endommagées, la villa de M. Joseph Rossetti ancien maire, menace de s'écrouler (4).

Menton

Menton éventré, déchiré, les dégâts sont épouvantables et font véritablement peine à voir. Il n'est pas de maison qui n'ait eu à souffrir des secousses. La panique est générale et chacun est bien décidé à coucher en plein air.

Une première et légère secousse aurait été sentie vers 5 h 30, par des gens habitant un peu plus haut que la gare. Mais c'est à 5 h 58 de Menton que la forte secousse a secoué la ville.

La belle avenue de la Gare (avenue de Verdun) semblait avoir subi un bombardement, aux abords du chemin de fer, aucune maison n'était intacte.

En effet la boulangerie viennoise est fortement endommagée, le toit s'est en partie écroulé, des plâtras se sont détachés de la façade et des plafonds, le bâtiment a été abandonné par ceux qui l'habitaient.

Plus loin sur la digue du Careï, la villa Apohard s'est complètement effondrée; le haut des murs et le toit sont à terre. Les quelques murailles qui restent debout sont largement lézardées.

Au 3ème étage du restaurant de la Maison Dorée à Menton, une petite fille était couchée sur ce lit. Au premier mouvement, elle a sauté de sa couche, elle n'a été que légèrement blessée. *(reproduction A. Laurenti)*

Dans le secteur, les maisons Molinari, Palméro et Straforelli sont presque entièrement écroulées (6).
A l'hôtel du Parc, les pensionnaires étrangers ont pris la fuite, d'après l'avis d'un architecte, les dégâts sont considérables, il faudra démolir en grande partie le bâtiment (43). Quant à l'hôtel de la Gare, chemin de la Cour, il devra être entièrement démoli.
Toujours le long du Careï, sur l'avenue de Sospel, la boucherie Camous, le restaurant national et la maison Géna sont complètement ruinés (5).
Dans le quartier Saint-Benoît, il n'est à peu près, aucune maison d'épargnée, toutes sont ou détruites ou assez fortement lézardées pour que leur reconstruction s'impose. Quelques unes se sont complètement écroulées, il n'en reste que quelques pans de murs. La maison du Bazar s'est retrouvée sans toit, de larges fissures se sont produites dans les murs qui manquent en partie. Les plafonds et les cloisons intérieures sont tombés en gros plâtras. Par mesure de sécurité a été interdit à cet endroit.
La rue Partouneau est complètement lézardée. Quelques fissures venaient du nord-est, d'autres étaient dirigées en sens contraire. Au nord de cette rue, le château du Louvre a souffert. Des deux tours qui le flanquaient, une a été presque totalement emportée et l'autre a perdu la toiture. A l'intérieur, les cloisons et les plafonds se sont partiellement écroulés. Dans cette artère, près de huit maisons ont été en partie démolies. Dans la rue du Prato, une perpendiculaire au sud de Partouneau, presque toutes les maisons ont subi d'importants dégâts, les murs et les cloisons se sont en partie écroulés.

Rue du Vieux Château à Menton.
(collection Didier Moullin)

Sur l'avenue Victor Emmanuel (actuelle avenue Felix Faure), plusieurs habitations, parmi lesquelles celles de Ruve, Jouard et le n°11, sont dévastées. Les balcons sont tombés, les corniches ont été emportées, il en est de même pour l'hôtel de Vienne (6).
L'hôtel de la Poste (caisse d'épargne actuelle) a été ébranlé avec une violence inouïe. Les murs sont sillonnés de lézardes qui prennent toute la hauteur de la bâtisse. Les balustres de la terrasse supérieure se sont écroulées à l'intérieur, des cloisons se sont effondrées. En attendant les bureaux de poste ont été installés en plein air derrière le bâtiment, dans le jardin de l'hôtel d'Orient. C'est aussi là, qu'a été installé le télégraphe qui fonctionne sans relâche.
Toujours dans la rue de la République, le centre philharmonique (Hôtel de Ville actuel), le deuxième et troisième étages sont en ruines (46).
Au quartier du Borrigo, les villas Imberty, Ernestine et Saint-Jean, furent détruites. Plus bas sur la route de Nice, (avenue Carnot et avenue de la Madone), les dégâts sont

Villa Cipolini en bordure du Careï à Menton. *(collection Didier Moullin)*

Exemple typique
du phénomène
de liquéfaction du sol
en bordure d'un cours d'eau
après séisme.
(Collection Didier Moullin)

Dégâts importants
sur la rive gauche
du Carei à Menton.
(Collection Didier Moullin)

Rue Partouneaux à Menton. *(collection Didier Moullin)*

incalculables. L'hôtel de Londres est en partie détruit, la villa Achille Biovès a eu la tour coupée par une large crevasse, l'écurie Jelshomino est en ruine, l'église anglaise, malgré qu'elle soit en pierre de taille, a subi des dommages.
A la place Saint-Roch, la pharmacie Lindewald a été dévastée, les dégâts furent estimés à 3.470 F (44).

Le Château du Louvre à Menton. *(collection Didier Moullin)*

Non loin de là, en face l'hôtel d'Orient, rue de la République, une maison absolument sans toit est dans un tel état de délabrement qu'il a fallu l'abandonner. Les balcons sont brisés et les murs parcourus de fissures (6).
Dans le vieux Menton, toute la voûte de l'église de l'Assomption, s'est entièrement écroulée (6).
Place de la Conception (parvis Saint-Michel actuel), l'église de la Conception est très abîmée. Sa voûte demi-sphérique est crevassée sur tout le tour et menace ruine. Contrairement aux façades latérales sans dégât important, la façade ouest est fendue un peu partout ainsi qu'à ses deux angles. A l'est, elle a été carrément arrachée des faces latérales. Elle possède une large fissure verticale descendant aux deux tiers de sa hauteur. A l'intérieur, la galerie de l'orgue est à moitié détruite. Toutes les tiges et tirants de fer se sont rompus net. La toiture complètement disloquée, est à refaire en entier, ainsi que les cinq fermes de la charpente. La voûte de la nef, celle du chœur, sont à reprendre totalement. Les chapiteaux et la partie supérieure de la corniche, possèdent de nombreuses brèches et cassures (45).
Juste à côté, l'arche de l'église Saint-Michel, s'est en partie effondrée juste au moment où le prêtre venait d'officier et les fidèles de partir. Toute la partie de la voûte qui se trouvait au-dessus du maître autel, s'est écroulée au moment où M. l'abbé Rocca terminait la messe, il n'y a pas eu de victime (5).

Quartier Saint Benoit à Menton. *(collection Didier Moullin)*

Au-dessus de la vieille ville, la chapelle russe du cimetière, une petite merveille d'architecture construite par Touranoff, ne tient presque plus debout, il en est de même d'un certain nombre de grands tombeaux de famille (5).
A la caserne de gendarmerie, deux agents ont été blessés par suite de l'effondrement d'une partie du plafond du grenier et d'une partie du mur de refend. Tout un étage devra être rebâti, le reste aura besoin de travaux de consolidation.
Par ailleurs, la caserne de chasseurs à pied a dû, elle aussi, être évacuée. Il en est de même pour la perception et le bureau des domaines (1). Quant à la mairie, elle demeure en fort mauvais état (3).
D'autres dégâts sont à déplorer au chemin de Cabrolles où la laiterie, les villas Mélanie et Paulini, furent complètement ruinées.
Parmi tant de désastre, une centaine de personnes au moins furent légèrement contusionnées. Il n'y eut aucun mort, mais quatre furent grièvement blessés (6).
Dès la première secousse, le maire M. Louis Laurenti, assisté du Commissaire central et aidé par toutes les autorités civiles et militaires a pris toutes les mesures propres à rassurer les habitants.
L'autorité municipale a demandé immédiatement des baraquements et des hommes du génie, pour les construire ainsi que pour démolir les immeubles présentant un danger.
Puis il a télégraphié à M. Borriglione député des A.-M., pour lui demander son intervention auprès du gouvernement (4). Les Mentonnais ont approuvé le dévouement et

l'efficacité de leur maire, cela n'a pas été le cas à Nice où la presse dénonça l'affolement des municipaux et la fuite de leur chef en lieu sûr, tout en haut de Cimiez, alors que la plupart des autres, se sauvaient à Saint-Barthélemy, au Var et plus loin encore. La visite des maisons par des commissions, s'avéra déplorable. La presse évoqua des injustices et des passe-droits. Douze jours après le séisme, le maire n'avait même pas convoqué le Conseil Municipal pour aviser aux mesures les plus indispensables et les plus urgentes (46).

Autres dégâts à Menton : la Villa Molinari
(collection Didier Moullin)

Au cours de cette catastrophe, bien des gens se sont signalés par leur dévouement. Ainsi M. Marion, commissaire de police, après avoir brisé à coup de hache la porte de son logement pour secourir sa femme et ses enfants. Il est remonté dans la maison pour prendre sur le dos, son voisin, le capitaine Donat, qui était malade et ne pouvait se sauver (38).

Le docteur de Sust avec M. Charreyre, ont aussi récupéré un pauvre malade et l'ont transporté à l'hôpital au risque d'être écrasés sous une pluie de plâtras et de tuiles.

M. Anfosso a retiré de dessous les décombres, ses deux filles dont l'une était horriblement mutilée. Monsieur le Baron Knoop, propriétaire du Yacht Lalona et le Capitaine Draper ont mis à la disposition de ce père de famille, le docteur du bord. Ainsi le docteur Carl Rieth a fait immédiatement une opération très difficile et grâce à ses soins, l'enfant a été sauvée (38).

Par ailleurs M. Rocque, entrepreneur qui avait donné l'hospitalité à une jeune fille malade, Mlle Pelon, a eu la douleur de la voir mourir sous une tente.

Autre personne, M. G. Labourt correspondant au journal "le Littoral Illustré" n'a pu faire son travail comme les autres personnes, il a fallu s'occuper à sauver ses proches. Il est sorti sous une pluie de plâtre de mœllons de tuiles. Peu après l'entrée de son logement lui a été interdite.

Les témoignages
Le docteur G. Daremberg qui se trouvait à Menton le jour de la catastrophe, écrivit un article pour la revue "l'Astronomie".
"J'ai été réveillé en sursaut par une secousse violente qui m'a projeté hors de mon lit. Je me suis vite relevé et, au milieu d'un bruit assourdissant causé par un fort roulement souterrain et la chute des cheminées, j'ai essayé d'allumer une allumette vainement à cause des oscillations violentes... Comme on avait vidé, pendant la nuit, la fosse de ma maison, en me réveillant, j'ai cru qu'une voiture de vidange entrait dans la maison...
Très franchement, je puis dire qu'à ce moment je n'ai eu aucune frayeur, me disant que si ce n'était que cela, un tremblement de terre n'était pas bien effrayant. Je me suis habillé fort tranquillement et bien chaudement pour aller voir s'il n'était pas survenu d'accidents de personnes. Au moment où je traversais mon salon, encombré de débris de toutes sortes, je sens une deuxième secousse. Alors je l'avoue, j'ai peur, je me sauve dans la rue où je trouve déjà une foule à peine vêtue, morne, atterrée, ne poussant pas un cri, et au même moment j'aperçois parfaitement le faîte des maisons oscillant comme des mâts de navire. Je cours dans le voisinage voir s'il n'est rien arrivé à quelques amis, et je suis terrifié en voyant deux maisons complètement effondrées. Je rencontre l'habitant de l'une d'elles atteint de pleurésie, que l'on a installé dans la rue sur un fauteuil. J'envoie vite chercher une voiture fermée pour l'y installer, dans le jardin de l'autre maison, encore plus maltraité, je vois les trois habitants étendus sur des matelas. Il est vraiment extraordinaire qu'ils n'aient pas été tués; ils ont reçu les plafonds sur leurs lits. Mais comme ceux-ci étaient entourés d'une moustiquaire fixée à des barreaux de fer, les débris se sont brisés sur ces barreaux qui ont formé une sorte de voûte protectrice...
A côté, je vois une toiture qui prend feu autour d'une cheminée décapitée. Le maire arrive avec un détachement de chasseurs à pied et le feu est vite éteint. On m'appelle en face auprès d'un individu qui a reçu un plancher sur la poitrine, il crache un peu de sang et à la bouche pleine de plâtre. Je vois encore quelques fortes contusions, des plaies de tête, une luxation du pied. A huit heures, je monte dans ma voiture pour aller donner un peu de courage à des malades affolés qui m'avaient cherché de tout côté. En passant devant l'usine à gaz vers huit heures et demie, je sens une commotion, je vois la grande cheminée de l'usine qui s'écroule. Cette troisième forte secousse a beaucoup augmenté les premiers dégâts et surtout elle accroît considérablement l'affolement. On croyait tout fini, il semble qu'il n'en est rien. Partout on se demande s'il faut partir, si les secousses vont se reproduire. Mais où aller ? On répand les bruits les plus sinistres le chemin de fer est coupé, les tunnels sont démolis et comme le télégraphe est interrompu...
Le lendemain certains regagnent les habitations, d'autres continuent à bivouaquer. J'ai trouvé un de mes amis couché dans la voiture de transport des pompes funèbres.
Que de maladies provoquées ou aggravées par les émotions. Les complications sont de tout genre, des fausses couches survenues au milieu de la place publique, des gens

qui ont le mal de mer avec nausées, inappétence, vomissements après cette sensation de vertige maritime.
La mer a subi un retrait; les marins des ports l'évaluent à 1,50 m. Les bateaux qui étaient en mer ont tous eu la même sensation : ils ont cru toucher le fond.
Deux puits se sont taris pendant les 24 heures qui ont suivi le tremblement de terre.
Les habitants durant les grandes secousses ont été secoués de haut en bas puis ils se sont sentis ballottés comme dans un bateau qui reprend son équilibre. Les quartiers les plus éprouvés se situent le long de la vallée du Careï. Cependant le village de Monti a été complètement épargné (39)."

Un autre témoignage, celui de M. Emilio Eckhorst qui dans une lettre adressée à la revue scientifique "la Nature" attira l'attention sur les techniques de construction.
"Ayant habité au Chili, j'ai expérimenté déjà des secousses aussi longues et aussi fortes, mais je n'ai jamais vu des résultats aussi désastreux. Les trois quarts des maisons de Menton sont sérieusement endommagées, beaucoup devront être complètement démolies.
Cela s'explique par la manière dont on fait les constructions dans ce pays, des pierres de roche de toute espèce et parfois des cailloux unis entre eux par de la chaux, font les murs qui par un fort tremblement se désagrègent et s'écroulent : je vois que malheureusement on recommence déjà les réparations dans les mêmes conditions.
En Amérique du Sud, j'ai vu construire les murs en briques, et cimenter, après trois ou quatre couches de briques, des bandes de fer, comme on emploie pour cercler les tonneaux, cela donne une résistance aux murs et les maisons de trois étages ne montrent pas de crevasses après de très fortes secousses. Je pense que cette indication pourrait être utile pour le littoral de la Méditerranée où les tremblements de terre peuvent se renouveler à l'avenir (40)."

Autre déclaration, celle de M. Heron publiée également par la revue "la Nature".
"Nous étions secoués dans nos lits comme par un violent roulis et la maison semblait se coucher par terre pour se relever immédiatement et se renverser de l'autre côté. Pourtant peu d'objets sont tombés. L'eau d'une cuvette placée sur une chaise, a été projetée moitié au nord-ouest moitié au sud-est à 60 cm de distance de chaque côté. Toute la maison tremblait dans un vacarme effroyable de vitres, vaisselle etc. Des plâtras se détachaient du plafond.
A 8 h 30 deux violentes secousses précédées d'un sifflement analogue à celui de l'eau projetée sur du charbon. La première secousse n'a endommagé que le côté ouest de la bâtisse. La secousse de 1 h 30 du matin a augmenté toutes ces crevasses et a fortement touché le côté nord qui s'est crevassé à son tour. Tous les objets divers tombés à Menton, pilastres, cheminées, balustrades, avaient été projetés au sud-est. Sur la promenade du Midi, un pilier formé de trois blocs de 60 cm d'équarrissage, a été déplacé de telle sorte que chaque bloc a tourné sur celui du dessous autour de l'axe central. Les

rues ont été sillonnées de crevasses, les bordures de trottoirs séparées de la chaussée et au moment de la secousse de 8 h 30, on a senti une odeur rappelant celle du souffre. Dans Menton, le phénomène s'est fait sentir avec une grande violence dans une zone d'environ 500 m de large et traversant obliquement la ville du nord-ouest au sud-est (40)."

Le dernier témoignage est celui d'un capitaine américain qui se trouvait sur le pont de son bateau ancré au port.
Il a déclaré qu'au moment de la catastrophe, son navire a subi un mouvement de descente. Le niveau de la mer s'est abaissé de deux pieds environ, puis est remonté immédiatement au même moment où le capitaine a vu la vieille ville entière se balancer et osciller au-dessus du port. Puis il a vu les lumières, il a entendu les cris des habitants (38).

Roquebrune
Ici le genêt a une fois de plus tenu bon. Les habitants se trouvaient encore chez eux, lorsque la secousse s'est produite. Ils se précipitèrent affolés dans les escaliers. Deux furent assez gravement contusionnés et un enfant qu'une femme portait aux bras, failli être étouffé (4).
L'école du village a particulièrement souffert. Les murs ont été ébranlés et lézardés en tous sens, les plafonds détachés. L'instituteur et sa famille en s'enfuyant en chemise, ont reçu plusieurs plâtras qui ne leur ont occasionné aucune contusion grave (4).
Les gros rochers de la place des frères n'ont pas bougé, mais une légère crevasse a été constatée. Par ailleurs à Carnolès, la chapelle de Bon Voyage menace ruine (11).

Monaco Monte-Carlo
Par rapport aux autres localités, les dégâts sont dans l'ensemble minimes. On déplore toutefois des dommages à la caserne des gardes du Prince qui a été lézardée en plusieurs endroits et menace ruine. A l'intérieur, les cloisons s'écroulèrent et quelques soldats furent blessés.
L'autorité a également ordonné l'évacuation de la maison de M. Vedel, place du Palais. Ce bâtiment a été largement lézardé et menace de tomber.
Aux Palmes, la caserne des employés du chemin de fer a été évacuée, elle menace ruine elle aussi. Diverses constructions de la Condamine et du haut Monaco ont été lézardées. L'Hôtel de la Terrasse, les villas Mariette, Jeannette, Lany et la maison de Jeaume ont le plus souffert. Mais les dégâts n'atteignent pas l'importance qu'ils ont eu à Nice et à Menton.
Des crevasses ont été observées sur le clocher de la chapelle de l'Annonciade.

La ville est calme mais le coup d'œil n'en est pas moins bizarre. Les tables ont été dressées dans les terrains vagues appartenant à M. Blanc, mais aussi dans le grand jardin de l'hôtel Beau Séjour et sur la place même du Casino.
Le Baron de Rothschild a préféré pour sa sécurité louer un wagon-lit des P.L.M., afin d'y passer la nuit (6).
Le gouvernement de Monaco a fait demander au 111ème de ligne, des tentes pour faire camper les habitants (1).
D'une manière plus humaine, M. Ferrari propriétaire de l'hôtel d'Angleterre, a fait construire, à ses frais, une tente spacieuse sur un terrain vague près de la mer, pour héberger les personnes épouvantées et sans asile (7).

La Turbie

Sur un ton ironique, la presse publiera qu'une violente secousse a fait lever même les paresseux. Les uns se sauvaient en criant dans la rue, d'autres ne trouvaient pas la porte et couraient d'un appartement à l'autre en disant : Avez-vous entendu ? Avez-vous ressenti ? Pauvres de nous.
Comme dégâts matériels on peut signaler bon nombre de plafonds tombés en totalité ou en partie, cloisons lézardées, vases brisés, etc.
Une fille de seize ans a eu un léger trou à la tête causé par la chute d'un plafond (25).
Au quartier de l'Agel, un enfant qui dormait dans son berceau a failli être écrasé par la chute du plafond.
Autre fait étonnant, au moment de la secousse, des personnes réveillées en sursaut ont cru avoir affaire à des voleurs; elles ont saisi leurs revolvers pour se défendre (4).
Non loin de là à 8 h 50 le gardien de batterie Muller, du fort de la tête de chien, était en communication télégraphique avec son collègue de la Drette, pour rendre compte des effets des deux secousses ressenties le matin. Il manipulait debout, une chaise derrière lui. Interrompu par son correspondant, il avait abandonné le manipulateur et regardait son appareil se dérouler lorsqu'il remarqua que la transmission était interrompue par des saccades qui se produisaient dans son appareil et que le mouvement d'horlogerie grinçait fortement. Lorsqu'il reprit le manipulateur pour continuer sa dépêche, une violente secousse se fit sentir. Il vit le mur placé devant lui se lever et s'abaisser et en même temps, il ressentit une violente commotion électrique dans le bras droit (41).

Eze

Le séisme a réveillé en sursaut la plupart des habitants. Il n'y a pas eu de grands dégâts, toutefois quelques embrasures de fenêtres sont tombées (6).

Beaulieu

Les secousses n'ont presque pas été ressenties ici. Les habitants de cette localité privilégiée ont été étonnés d'apprendre les nouvelles alarmantes qui leur sont parvenues de Nice et des environs (6).

Villefranche

Les secousses successives ont été précédées d'un bruit semblable à celui du mistral s'engouffrant dans la rade. La mer s'est retirée très sensiblement mais n'a conservé aucune agitation.

Au pont de l'Arma, un éboulement considérable s'est produit enlevant le parapet et interrompant les communications sur la route n°7.

Par ailleurs, le chemin conduisant à la Madone Noire, a été fortement ébranlé juste au-dessus du grand mur de soutènement, construit récemment au-dessus du tunnel de chemin de fer, au lieu dit "Malariba". Une crevasse de 15 cm de large parcourt une assez longue distance dans la direction est-ouest (3).

Saint-Jean-Cap-Ferrat

Ce fut une sorte de trépidation de bas en haut et non d'oscillation de droite à gauche. La mer calme comme endormie, se retira tout à coup laissant les algues et les rocs à nu sur une longueur de cent mètres. Puis elle revint avec une force de soulèvement qui ne ressembla à aucune vague. Ce flux et reflux spontané eurent lieu pendant l'intervalle des secousses.

Dans la revue "l'Astronomie", Camille Flammarion publia les impressions de Madame Amélie Pollonnais qui résidait dans une villa du Cap-Ferrat.

"Vous dire l'impression d'une pareille nuit ou plutôt d'un pareil moment est impossible. Il faisait déjà jour, la secousse m'a paru durer vingt-cinq secondes. Ce fut une sorte de trépidation de bas en haut, et non d'oscillation de droite et de gauche; les chambres, les lits étaient comme enlevés, portés en haut, et l'on se sentait encore suspendu alors même qu'on ne l'était plus. Trois fois cette impression nous a été transmise de 6 heures à 8 heures 45 mn... Ainsi nous avons été témoins de phénomènes véritablement extraordinaires et terrifiants. Par exemple : cette mer calme, comme endormie, alourdie mais d'une teinte bleue et jaune; puis tout à coup elle se retire, et laisse les algues, les rocs à nu sur une longueur de cent mètres; puis elle revient avec une force de soulèvement qui ne ressemble à aucune vague. Ce flux et ce reflux spontané ont lieu pendant l'intervalle des secousses, et nous nous demandions quel autre phénomène allait surgir. Le ciel est très beau, bleu, lumineux, le soleil est radieux, mais l'effroi et l'effarement sont sur toutes les physionomies (74)."

SECTEUR N°4

La vallée de la Vésubie

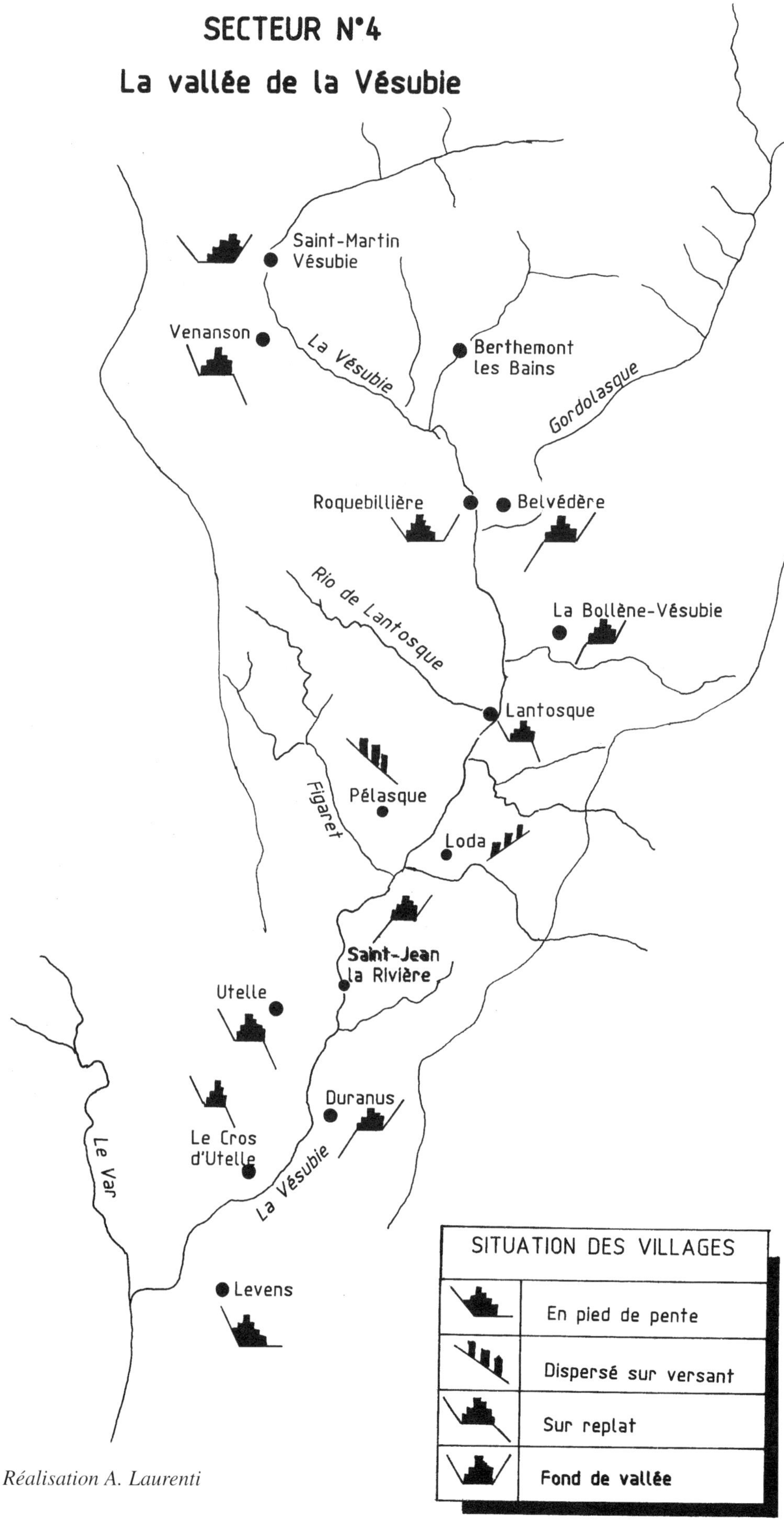

Réalisation A. Laurenti

VALLÉE DE LA VÉSUBIE

Levens

Sans précision ni commentaire, on déplorera dans ce village, six maisons très abîmées, une inhabitable et une autre écroulée (19).

Le Cros d'Utelle

La presse consigne que cette localité a été cruellement éprouvée par les secousses. Une trentaine de personnes ont été blessées mais aucune ne l'a été grièvement.
Neuf maisons furent démolies et six autres crevassées. Quarante personnes se trouvèrent ainsi sans logement pour la circonstance le presbytère fut transformé en hôpital. L'église et l'école furent très endommagées (11).

Utelle

On déplora aucune victime mais l'église et la maison d'école subirent d'importants dégâts.

Duranus

La commune de Duranus fut sérieusement affectée. Dix-sept constructions connurent de graves dommages dont neuf se situaient au hameau de l'Engarvin sur les hauteurs de Coaraze. Du bétail a été tué dans trois bergeries de cette localité (19).

Lantosque

Les dégâts sont purement matériels, ils se bornent à quelques cheminées renversées et quelques toits emportés. Dans le village les hommes valides se regroupent pour partir porter secours au village voisin de la Bollène sous la conduite de la gendarmerie et du conducteur de ponts et chaussée M. Mangiapan.

La Bollène

La première secousse a été d'une intensité inouïe. Trente-cinq à quarante maisons se sont écroulées, d'autres sont inhabitables ou plus ou moins lézardées. L'église et le clo-

cher fortement endommagés, menacent ruine. Le curé officie sous les arcades de la seule maison intacte; la mairie.
La Bollène pleure deux des siens : M. Baylon Louis et Cornillon Joseph. La femme de ce dernier a eu une jambe fracturée et ses deux fils ont été légèrement contusionnés. On déplore par ailleurs d'autres blessés mais sans gravité.
Dès que la nouvelle fut connue, les habitants de Lantosque arrivèrent en masse. Avec la douane de la localité ils travaillèrent activement à retirer les victimes. D'autres gens arrivèrent de Belvédère, de Roquebillière et même de Saint-Martin.
La population dans une extrême misère, campe à l'extérieur du village. Les malades et les blessés ont été provisoirement installés dans l'école des garçons (20).

Belvédère
La population a été éveillée par une violente secousse d'une durée d'environ dix à quinze secondes. Les oscillations allaient de l'est à l'ouest. Quelques meubles ont été renversés ou brisés et plusieurs murailles lézardées (15). En même temps plusieurs chapeaux de cheminées furent jetés à terre.
L'église seule a été endommagée, on y remarque plusieurs crevasses dans tous les sens. A l'intérieur le sol est jonché de plâtras tombés en quantité de la voûte. Une heure plus tard l'église aurait été comble à cause de la messe des cendres. En attendant l'office est célébré dans la chapelle de Tine (21).
Par ailleurs le campanile dont les cloches se mirent à tinter pendant la commotion, fut fortement ébranlé et menace ruine.
Plusieurs familles ont quitté leurs habitations pour aller s'installer en plein air sur la place de la Court, où elles ont passé la nuit entière autour d'un grand feu (7).

Saint-Martin de Lantosque (St Martin Vésubie)
Quelques cheminées ont été renversées et des murs lézardés mais les dégâts demeurent insignifiants (21). Les oscillations furent de prime abord du nord au sud puis de l'est à l'ouest.
La secousse de 6 h a été suivie par huit autres au cours de la journée. Là aussi, les habitants se proposent de passer la nuit en pleine campagne (11).

Venanson
Les dégâts sont insignifiants (21).

LA VALLÉE DE LA TINÉE

La Tour sur Tinée

La Tour représente le premier village que l'on rencontre en remontant la vallée de la Tinée. Ici l'émotion est grande. "Jamais de mémoire d'homme on n'avait senti de pareilles oscillations" dira-t-on. Les pendules et réveils se sont arrêtés à 6 h 05. "Dans le lit qu'on a quitté à la hâte, on semblait embarqué sur un frêle esquif" révélera le correspondant local du Petit Niçois.
Partout des cheminées ont été renversées, celle de l'école est complètement rasée. Des vieux murs se sont lézardés ou entrouverts, la toiture d'une maison s'est littéralement effondrée, il en est de même de celle de quelques granges. Les arcades des nefs latérales de l'église se sont disjointes des murailles. A l'intérieur, un morceau de plafond de la voûte est tombé à côté d'un bénitier (4). Des effets identiques se sont produits à la chapelle de la Confrérie (6).
Dans les habitations, les plâtres des plafonds se sont détachés aux angles de toutes les pièces.
Enfin le Phare du Littoral viendra compléter ces informations en indiquant que "d'énormes rochers se sont détachés du château et des montagnes situées en face du village roulant avec fracas dans le lit des vallons" (6).
Un document administratif faisant état des pertes occasionnées par commune, laisse apparaître que quatre maisons ont malgré tout été détruites, et quatre autres partiellement démolies.

Tournefort

En 1887 Tournefort se situait à l'emplacement de l'ancien village d'aujourd'hui, totalement isolé sur un piton rocheux. Plus tard, probablement à cause d'un accès difficile et une mauvaise alimentation en eau, les habitants abandonnèrent le site pour aller s'installer en bordure de la voie passagère allant de Villars à Pont de Clans.
Au moment du séisme "plusieurs personnes n'ont pas hésité malgré le froid, à sauter du lit pour aller chercher refuge dans la rue pendant qu'on entendait comme un roulement sourd d'un tonnerre éloigné et courant en direction du nord ouest" (11).
Les dégâts ne sont pas très importants, il convient cependant de signaler la chute partielle des plafonds d'une maison qui a failli blesser les propriétaires, la cheminée d'une autre et des lézardes sur plusieurs bâtiments ainsi que sur la voûte de l'église.

SECTEUR N°5
La Vallée de la Tinée

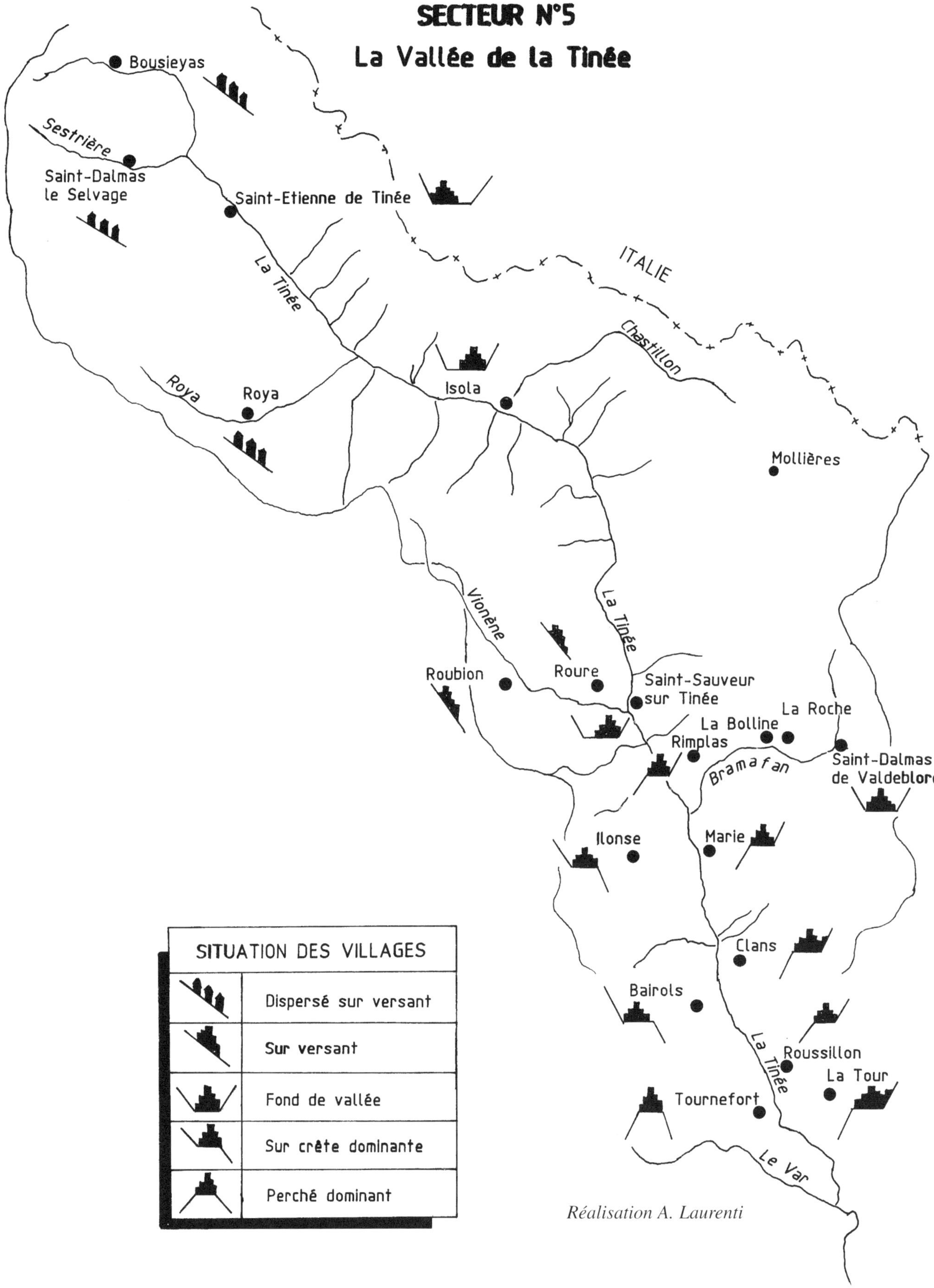

Réalisation A. Laurenti

Roussillon

La presse ne nous apprend pas grand chose sur ce hameau de la Tour sur Tinée si ce n'est la déclaration d'un facteur aux habitants du chef-lieu de commune. Celui-ci indiquera que les dégâts matériels ont été beaucoup plus considérables à Roussillon et que quelques maisons se sont complètement effondrées (4).
Dans un document émanant de la sous-préfecture en date du 2 mars 1887, on apprend que plusieurs vieilles maisons se sont effondrées et que partout les murs ont été lézardés. L'église quant à elle a peu souffert.

Bairols

Ce véritable nid d'aigle adossé à une crête rocheuse n'a eu que quelques maisons et l'église lézardées.

Clans

Situé à l'est de la Tinée, juste en face Bairols, Clans fut cruellement éprouvé, victime certainement d'un effet de site. En effet 25 maisons et 6 écuries s'écroulèrent, 26 autres habitations furent fortement atteintes et certaines menacèrent ruine.
En ce matin du 23 février, bouleversé le garde champêtre Stève, part prévenir les gendarmes de Saint-Sauveur. De retour sur les lieux, les autorités procédèrent aussitôt à un appel général des personnes habitant les maisons écroulées. Aucune perte humaine ne fut déplorée.
Toutes les rues sont impraticables et jonchées de débris.
Une partie de la maison d'école des filles s'est écroulée, l'institutrice a failli être ensevelie sous les décombres. Elle en a été retirée évanouie. L'alcôve dans laquelle elle était couchée, au deuxième étage, est restée à peu près intacte tandis que l'escalier et les gros murs se sont écroulés tout autour (7).
Non loin de là, après maints efforts, Régis Célestin parvient à retirer des décombres du 3ème étage de sa maison, François Graglia son domestique âgé de 16 ans (11).
La voûte de l'église est toute endommagée et une clef de voûte épaisse de 10 cm est brisée (11). Par ailleurs le Maire, le Curé comme tous les habitants, campent dans le froid à proximité du village en ruine. Les provisions et les récoltes ont été ensevelies et la population demeure sans moyen d'existence.
Le Maire de la localité transmettra à la rédaction du Petit Niçois un message de détresse significatif. Il débutera ainsi : "La plume est impuissante à retracer les désastres de ce pays" (12).

Marie

Ce village n'a pratiquement pas souffert.

Ilonse

Cette communauté groupée sur le flanc méridional d'un piton dominé par son église a été elle aussi épargnée. Les habitants ont perçu un bruit sourd qui a accompagné la commotion dont la durée a été estimée de 25 à 30 secondes.

Cependant on déplore deux blessés à la maison de campagne de Monsieur Jean Brès située au quartier l'Espagnole. Une partie du plancher de la chambre s'est effondrée dans le cellier. Le propriétaire a eu le bras fracturé et sa femme deux côtes enfoncées. Les victimes furent soignées par le docteur Thaon (6-13).

Rimplas

De fortes lézardes se sont produites à la maison "curiale", on déplore également la chute de quelques cheminées, mais les pertes sont insignifiantes (13).

Le Valdeblore

Le rapport de la préfecture fait état seulement de dégâts au hameau de la Bolline. Dans cette localité plusieurs maisons auraient été gravement lézardées ainsi que la chapelle (13).

Selon le procès-verbal de gendarmerie, les dégâts restent minimes au village de Valdeblore.

Saint-Sauveur sur Tinée

Aucun accident de personne n'est à signaler. Seul un moment de frayeur et de stupéfaction s'est emparé des habitants lorsqu'ils ont entendu les bruits des lauzes qui descendaient, des cheminées qui s'écroulaient, des éboulements qui se produisaient dans les montagnes environnantes (4-6).

Roure

Des oscillations se sont produites du sud au nord provoquant une panique passagère. Aucun dommage n'a été signalé.

Roubion

Le presbytère a été fortement lézardé, le plafond est en grande partie tombé, la voûte de l'église est crevassée et la sacristie menace ruine.

Dans le village trois maisons sont gravement endommagées. Par ailleurs, le Maire a ordonné la démolition de deux autres habitations (13).

Isola

Les plafonds et les cloisons du local scolaire ont été fendues (11).

Les jours suivants, les secousses d'une intensité plus ou moins prononcées, n'ont pas été ressenties par tout le monde. Il fallait être dans les étages supérieurs pour les sentir, écrira le correspondant de presse locale. Il constata au cours de la journée du 24 que des frémissements de sol dans les champs se sentaient de préférence dans les endroits bas et en plaine (9).

Saint-Etienne de Tinée

De sérieux dégâts ont affecté seulement la Mairie.

Saint-Dalmas le Selvage

Quelques pertes matérielles sont à signaler. Des maisons ont été lézardées, des cloisons et des cheminées renversées et des plafonds se sont détachés.

Plusieurs personnes sont descendues dans le plus simple des costumes malgré une température de moins cinq degrés (14).

SECTEURS N°6 ET N°7
La vallée du Var et de ses affluents

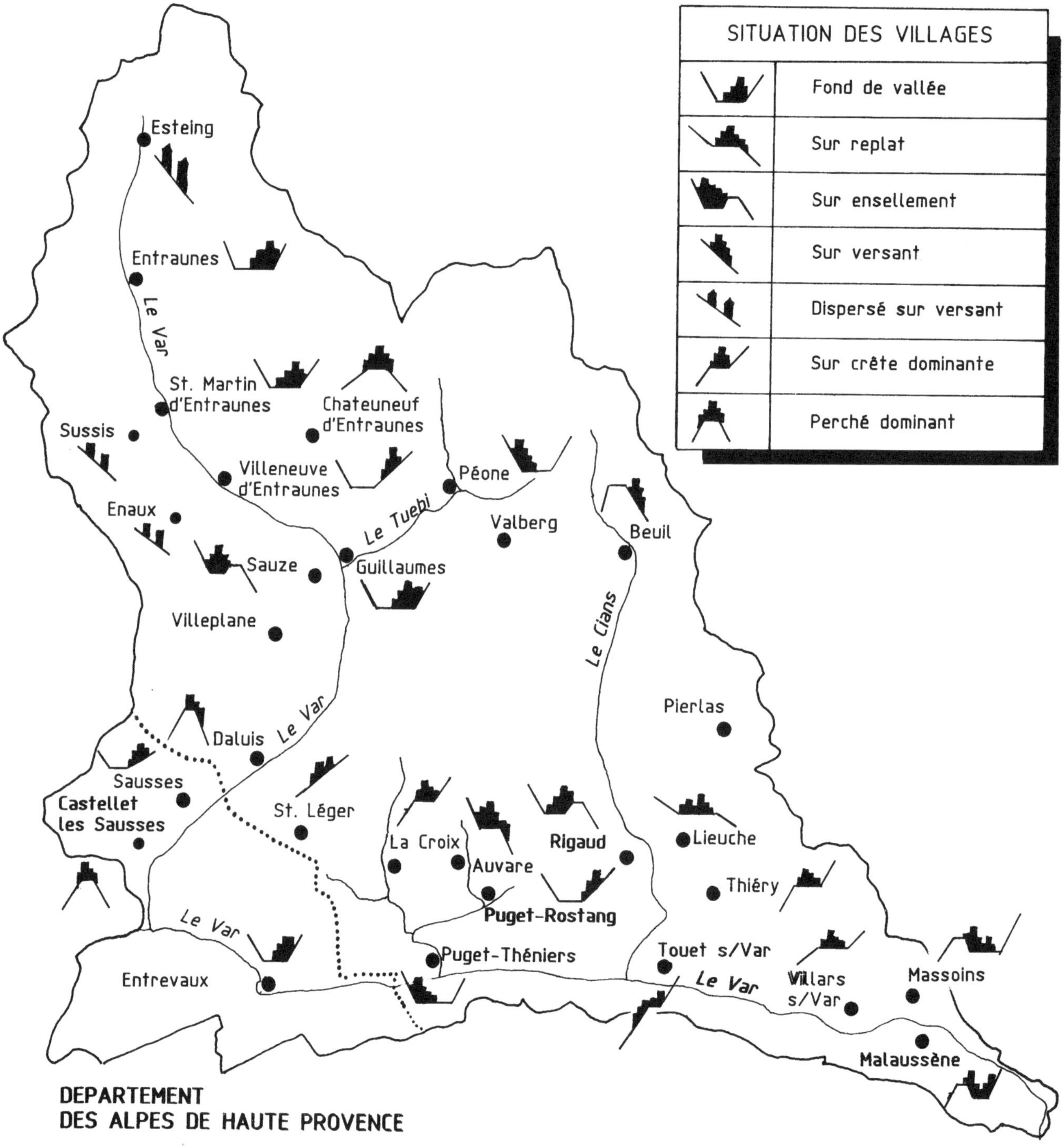

Réalisation A. Laurenti

GORGES DU CIANS

Rigaud

Rigaud n'a pas grand chose à déplorer, à l'exception de quelques dégâts de maçonnerie à l'église et une fissure dans la voûte. L'école serait également en mauvais état. Toutefois l'eau de la fontaine est devenue blanchâtre (11).

Lieuche

Par contre c'est la consternation dans la communauté de Lieuche. Celle-ci avait déjà été très éprouvée par les inondations de l'automne 1886 et à présent elle vient d'être frappée par un nouveau désastre.
En effet les secousses ont été particulièrement violentes. La population éveillée en sursaut, s'est précipitée aussitôt dans la rue. Le séisme a désemparé les planchers de presque toutes les maisons et en a renversé quelques unes.
Les gens ont dû abandonner leur foyer et demander un abri à leurs voisins (15).
Un bilan ferait état de six maisons renversées ou devenues inhabitables, six autres qui menaceraient ruine tout comme l'église, la sacristie et le clocher. Quant à la maison d'école, la mairie et le presbytère, ils auraient été fortement endommagés (13).

Pierlas

Comme à Lieuche toutes les maisons ont aussi souffert. Plusieurs sont fortement lézardées et l'école est sérieusement atteinte. Dans les maisons les planchers menacent de s'écrouler et les murs sont partout crevassés. La voûte de l'église menace ruine et les murs du presbytère sont crevassés dans toute leur hauteur, les plafonds sont également fissurés.
Au total ce sont près de sept maisons qui furent lézardées. Par ailleurs la toiture de deux habitations de campagne se sont partiellement effondrées et dix autres constructions ont été lézardées (13).

Beuil

Pas de victime à Beuil mais la stupeur a été forte. Environ une dizaine de cheminées ont été précipitées du haut de leurs toits dans la rue (14).

VALLÉE DU VAR SUPÉRIEUR

Malaussène

Les dégâts furent sans importance, les tuiles des maisons tombèrent en grande quantité, mais aucun accident ne fut déploré (6).

Massoin

Dans ce village, vingt-quatre maisons ont été fortement endommagées parmi lesquelles huit sont tout à fait inhabitables. La voûte de l'église a été crevassée en divers endroits et la chapelle de la Carette menace ruine. Des réparations urgentes devront être effectuées à la maison d'école (13-16).

Villars sur Var

La population a ressenti la première secousse à 5 h 55. On ne déplorera ici que l'écroulement d'une maison inhabitée à cause de son mauvais état déjà ancien (13). Beaucoup d'habitations ont été lézardées et quelques cheminées sont tombées (6).

Touët sur Var (Touët de Beuil)

Quelques habitations ont été lézardées et des cheminées sont tombées (15). Cependant la presse insista sur un fait particulier; l'abondante source du village servant de fontaine, que les pluies diluviennes d'octobre et novembre dernier n'avaient point troublé, a coulé aussitôt épaisse d'une couleur roussâtre pendant trois heures (6).

Puget-Théniers

Dans l'ensemble les dégâts sont insignifiants. La façade d'un colombier et quelques plafonds sont tombés ou se sont lézardés. Aux alentours dans les campagnes, des toitures se sont effondrées.

Lors des trois premières secousses, les eaux des fontaines sont arrivées troubles et rougies comme celle de la Roudoule par temps d'orage. Elles ont repris leur couleur ordinaire que le 24 au matin (11).

Il fut difficile d'apprécier la direction des ondes. Elles s'orientèrent du sud-est au nord-ouest et leur durée ne dépassa pas les trente secondes. Il en fut de même pour la seconde secousse (4).

Dans les communes environnantes telles que : Puget-Rostang, Auvare, La Croix sur Roudoule et Thiéry, on ne déplore que quelques fissures légères (17).

Saint-Léger

L'école récemment construite a été lézardée en plusieurs endroits. La maison Doubet a eu une partie de la toiture ainsi que plusieurs planchers écroulés. Aucun autre dommage ne fut signalé (7).

Entrevaux

Situé pourtant à une centaine de kilomètres de l'épicentre, Entrevaux est le premier village des Alpes de Haute Provence à avoir souffert de ce cataclysme.
Deux maisons s'écroulèrent dont l'une comportait six étages. Une personne a été retirée écrasée, il s'agit de Mme Besson (7).
Depuis le pont de Gueydan, en remontant la vallée du Var par les Gorges de Daluis, les localités de Castellet les Sausses, Sausses, Guillaumes, Bouchanières et Péone ne semblent pas avoir été affectés, ou si peu, par le séisme.

Daluis

Quatre secousses ont mis en émoi toute la population. L'église paroissiale qui se trouve perchée sur un rocher au plus haut du village à proximité des ruines d'un ancien château féodal présente de lézardes de 15 à 20 cm et les murs menacent de s'effondrer (4).
Il semblerait que l'église se soit écroulée par la suite comme le laisse supposer la presse des jours suivants où il est dit qu'il ne reste debout que deux murs qui menacent de s'effondrer sur les maisons inférieures.
Un affaissement du terrain serait à l'origine des dégâts seul le maître autel est resté debout.

Châteauneuf d'Entraunes

Aucun dégât appréciable ne fut déploré (13).

Villeneuve d'Entraunes

Le séisme, dira-t-on, a secoué les maisons et les meubles avec un bruit pareil à celui du tonnerre. Les dégâts sont minimes seules deux mauvaises cheminées se sont écroulées (15).

Saint-Martin d'Entraunes

Une forte oscillation d'est en ouest a secoué le village. Malgré un moment de panique chez les animaux domestiques et la population. On ne déplore aucune victime mais de nombreuses cheminées se sont effondrées comme celle du presbytère. Par ailleurs, quelques mètres de mur d'une grange se sont écroulés.

A **Jausier** et à **Larche** les églises furent très endommagées et les voûtes se fendirent.

SECTEUR N°8
Vallée de l'Estéron

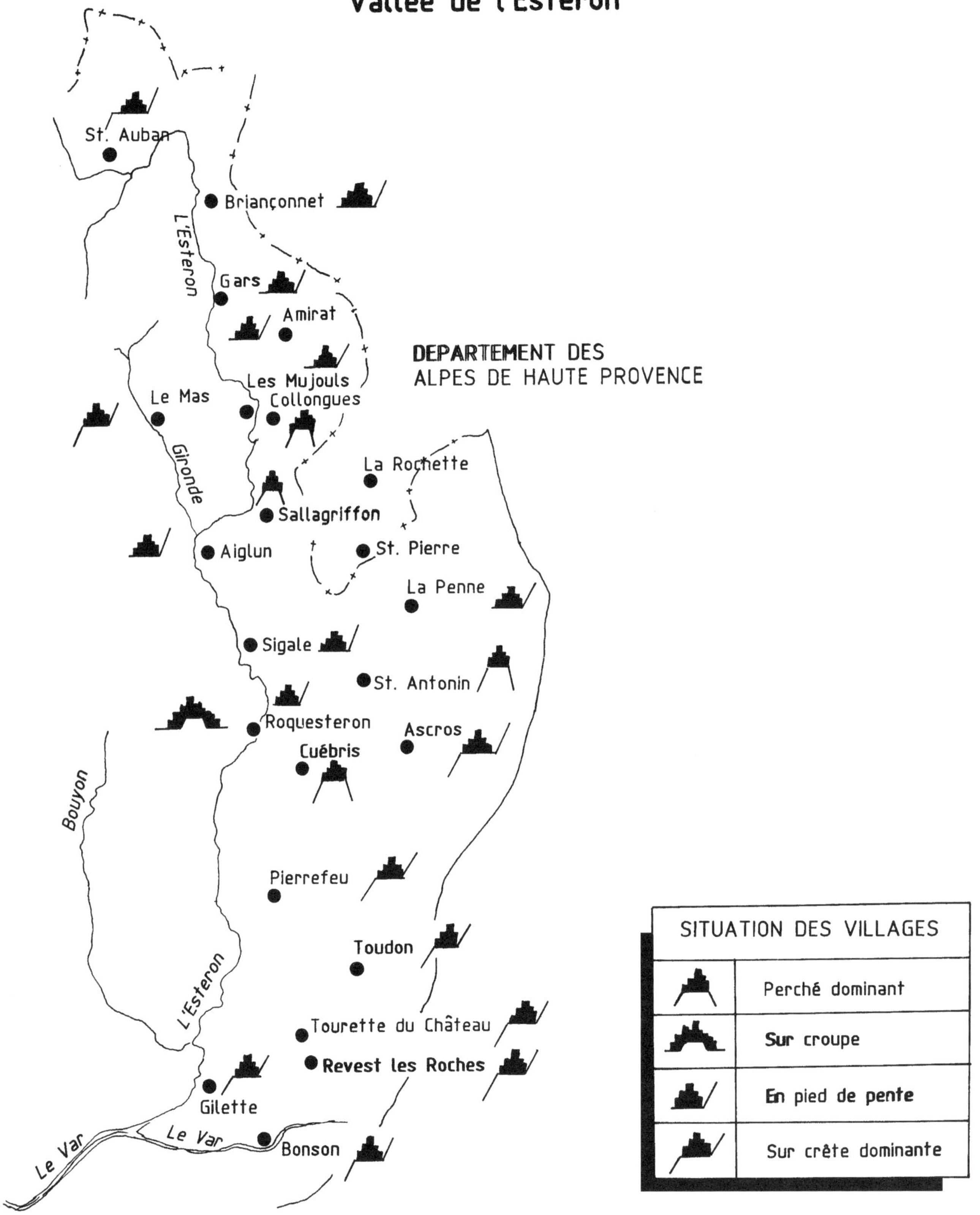

Réalisation A. Laurenti

VALLÉE DE L'ESTÉRON

Bonson

Ce fût la consternation dans cette commune où lors de la première secousse, vers six heures du matin, le quartier entier de la Tour, comprenant quatorze maisons, s'écroula subitement.
La plupart des habitants furent retirés de dessous les gravats sains et saufs, les autres eurent le temps de se sauver par les fenêtres. Malgré tout, on ne déplora aucune victime.
Les autres habitations du village ressentirent fortement la commotion, et toutes furent plus ou moins lézardées et crevassées, certaines même menacèrent ruine.
Les jours suivants, les villageois vécurent dans la crainte et l'angoisse que de nouvelles secousses entraînent la destruction complète du village (14).

Gilette

A part quelques maisons lézardées qui ont légèrement souffert, on peut dire en général que les dégâts sont insignifiants. Cependant la mairie et l'église ont toutefois souffert et les plafonds menacent ruine.
Ailleurs des maisons de campagne se sont effondrées ou fortement ébranlées. Des arbres et des murs de clôture ont été démolis par des éboulements (13).

Revest-les-Roches

A six heures, une première secousse très violente fit trembler les habitations jusque dans leurs fondements.
Il n'y eut aucune victime à déplorer mais les dégâts matériels furent assez considérables.
Dans le village, trois propriétaires durent déménager et aller demander l'hospitalité à leurs voisins, leurs maisons ayant été presque entièrement détruites.
On déplora en tout et pour tout, une maison détruite, une menaçant ruine et cinq partiellement détruites.
Dans les campagnes neuf granges et habitations furent également détruites de fond en comble et des éboulements se produisirent. En effet des rochers se séparèrent de la montagne au-dessus du Chandan et roulèrent dans la vallée déracinant sur leur passage, des oliviers (13).

Tourette du Château

Quatre secousses réveillèrent en sursaut les habitants de la localité. Les dégâts se résumèrent à l'effondrement du toit d'un grenier à foin, à des brèches dans les murs des maisons et à quelques pans de murs tombés dans les rues (11-4).

Comme en d'autres lieux, l'eau de la fontaine coula terreuse pendant une bonne partie de la journée (4).

Toudon

Le séisme a été fortement ressenti dans cette localité, et a causé d'importants dégâts. La presse rapporte que de nombreuses constructions situées dans les quartiers environnants, se sont littéralement effondrées. Quant au village, il a été sérieusement atteint malgré qu'aucune victime ne fut déplorée.

Pour mieux connaître la situation rencontrée à Toudon, un rapport de visite destiné à prescrire aux propriétaires, les travaux d'urgence qui s'imposent fut établi par l'agent voyer M. Rancurel Vincent en présence de l'adjoint au maire M. Brun Victor et de deux conseillers municipaux : MM. Brun Jean et Belleudi Antoine.

Ce document est déterminant en tant que facteur de connaissance, car il permet de mettre en évidence sur une carte, les parcelles affectées.

Ainsi les maisons n°496-497-498 et 500, référencées selon le cadastre de l'époque, situées sur le bord sud du passage qui donne accès au cimetière, se sont effondrées.

Il a été demandé aux propriétaires de démolir les pans de murs encore debout et de déblayer les matériaux qui encombrent le passage.

Au sud-ouest du village, sur le bord droit du chemin rural du Rayet deux maisons référencées n°669 et 670 ont eu le côté nord-ouest effondré. Les propriétaires devront démolir les pans de murs qui menacent de tomber sur le chemin.

Au n°2 du chemin vicinal de la Cerise, dans la traverse de Toudon, correspondant au n°449 sur le cadastre, le mur sud surplombant la voie publique, s'est complètement lézardé. Il a été préconisé l'étaiement de ce mur et l'étançonnage de l'intérieur de la maison.

Au n°468 situé vis à vis de la façade principale de l'église, l'angle sud-est menace de s'écrouler sur les constructions inférieures.

La partie supérieure de l'angle sud-ouest du n°545, menace de s'écrouler sur l'entrée du passage voûtée située dans la zone basse du village.

Dans l'église paroissiale n°492, la nef est lézardée de haut en bas et la façade principale s'est désemparée de la voûte. Il conviendra de consolider le bâtiment par des tirants et des ancres de fer et d'édifier des contreforts.

Le mur sud en surplomb du n°464 le presbytère, est lézardé. Il devra être reconstruit partiellement et consolidé au moyen de tirants et d'ancres en fer. La toiture sera à refaire.

Le bâtiment qui fait office de Mairie, de maison d'école et de logement des instituteurs (n°470). L'appartement situé au 3ème est devenu inhabitable. La partie ouest du mur

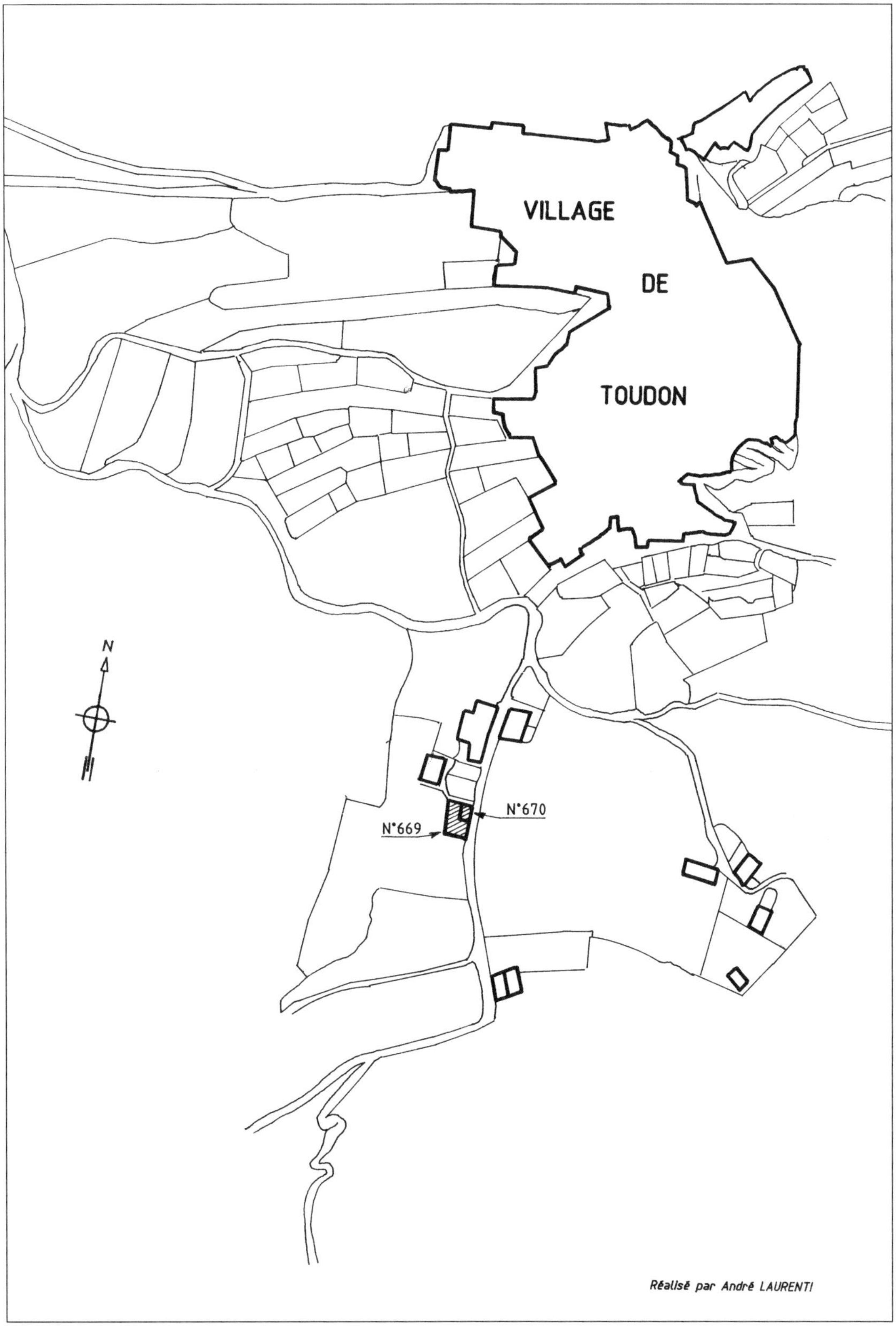
VILLAGE
DE
TOUDON
N
N°670
N°669
Réalisé par André LAURENTI

de face correspondant aux trois étages, est lézardée en divers endroits et principalement à l'angle sud-ouest.
L'angle sud-est du n°513 menace ruine, il devra être reconstruit.
Au n°430, la partie supérieure du mur de face côté est, correspondant aux 3ème et 4ème étages, est désemparée.
Les n°439 à 444 - 444bis 445 446 448 et 450 tous ces numéros formaient un pâté de maisons dont la partie sud-est en surplomb est lézardée.
Les murs en surplomb devront être démolis et les parties lézardées consolidées au moyen de tirants et d'ancres en fer.
Les murs du cimetière se sont disjoints et le château sur lequel il est assis, a laissé se désagréger un volume important de rochers qui dans leur chute, ont jeté une certaine frayeur chez les habitants (33).
Par ailleurs la chapelle St Jean a énormément souffert. La voûte, la toiture sont tombées et les murs se sont lézardés, seule la statue du saint est restée debout et intacte au milieu des ruines (33).
A proximité de la chapelle, la maison de l'avocat Antoine Alzial a eu la toiture effondrée et les murs crevassés. Celle de Mme Emeline Lazare, composée de deux étages est toute effondrée.
Au quartier Gabarel trois maisons, l'une d'un étage appartenant à M. Chaix Jean a eu la toiture et le mur Est effondrés. L'autre de M. Brun Zacharie comportant un niveau s'est toute effondrée; il en est de même pour la troisième appartenant à M. Brun Lazare et composée de deux étages.
Au quartier du Clot, deux autres bâtisses d'un même propriétaire, l'une composée d'une écurie et de deux étages, l'autre comportant un niveau supérieur, se sont à moitié effondrées (34).
Mais tous ces dégâts, sont loin d'être comparable avec ceux causés par le tremblement de terre du 15 février 1644.
En effet, selon Séraphin Laugeri (56), la lecture des registres paroissiaux indique le décès de 36 victimes recensées le même jour. Cette catastrophe fut la plus meurtrière qu'ait connu Toudon.
Clément Drago, prieur du village de 1621 à 1666, a été le témoin oculaire de cet évènement. Il vit des scènes d'angoisse et d'horreur, il a participé avec les autorités locales, à la pénible identification des corps mutilés, défigurés, avant de les porter en terre, accompagné par tout un village frappé de stupeur.
Ce jour là, le séisme fit s'écrouler des rochers et les murailles du château sur le quartier du Brec détruisant 32 maisons. Rares sont les foyers qui ne pleurent pas une victime. Si l'on considère que Toudon devait avoir, à l'époque, 200 habitants environ, c'est près d'un cinquième de la population qui a disparu presque entièrement composé de jeunes femmes, de futures mères et d'une forte proportion d'enfants de moins de dix ans, les hommes, au moment du séisme, étaient aux champs.

EXTRAIT DU CADASTRE DE TOUDON EN VIGUEUR EN 1887

Application des effets du séisme sur le village

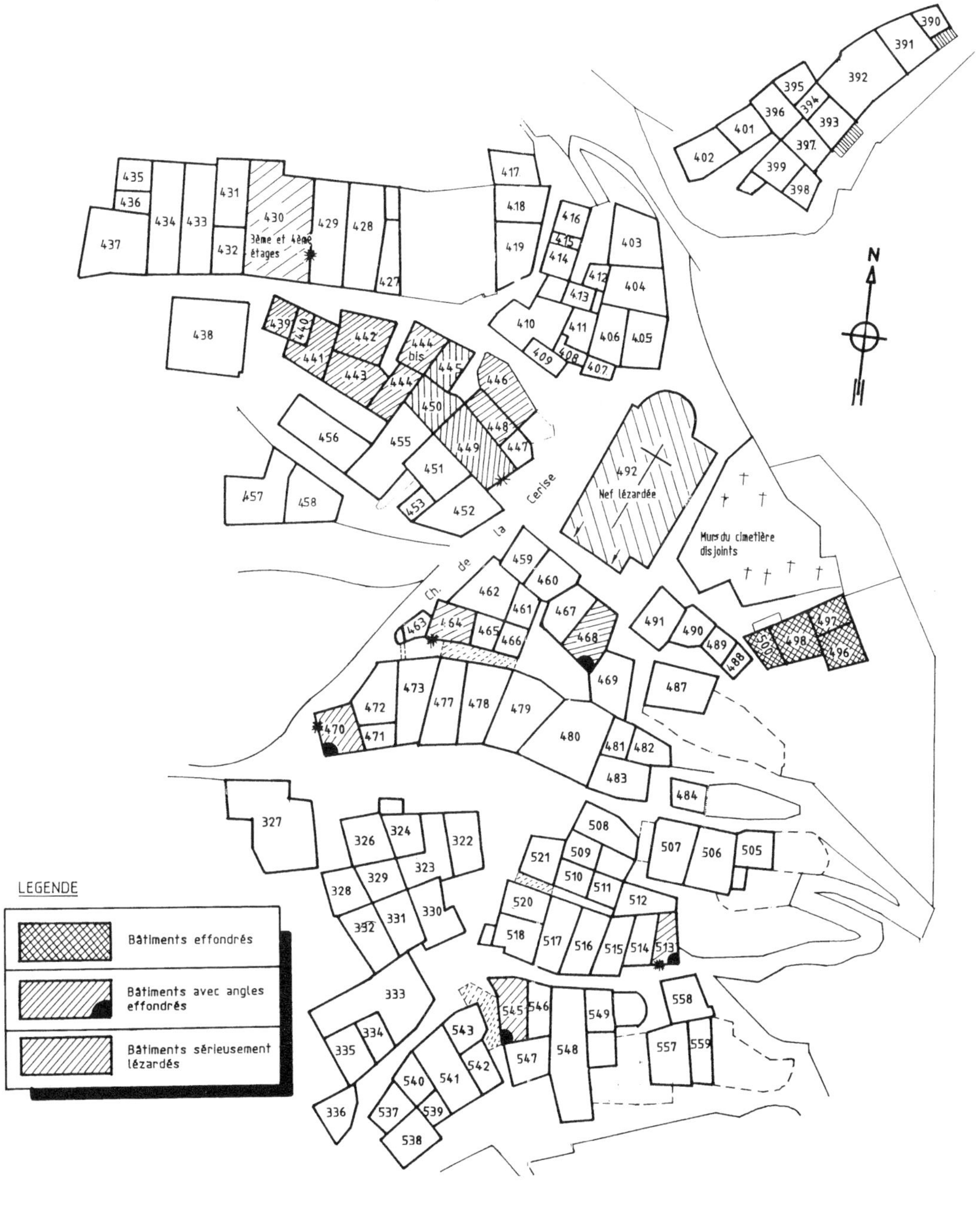

Réalisé par André LAURENTI

Pierrefeu

Deux maisons, l'une au quartier du Clot et l'autre située au quartier du Planet, ont eu les toitures effondrées et les quatre murs crevassés (34).

Dans le village, sept maisons ont été lézardées : la mairie, la salle de classe, le logement des instituteurs furent sérieusement lézardés pour devenir inhabitable par temps de pluie.

Cuebris

A 6 h 03 une forte secousse d'une durée d'environ 30" a fortement ébranlé le pays.

Le toit d'une petite grange de campagne et une muraille du vieux château en ruine qui domine le village se sont écroulés (6). Les autres dégâts sont presque insignifiants, les murs lézardés de quelques maisons seront vites réparés. Par ailleurs des rochers ont roulé des montagnes environnantes (25).

Roquesteron

Le séisme a semé la terreur chez les habitants. Les secousses se sont produites à trois reprises différentes et ont été d'une égale intensité.

La première d'une durée de quelques secondes, s'est opérée horizontalement et a violemment agité les maisons. De nombreux rochers se détachèrent de la montagne où est adossé le village. Presque toutes les maisons ont souffert et sont lézardées.

La deuxième secousse a été de plus courte durée mais plus forte que la première. Par contre, la troisième a été moins intense. Dans la journée d'autres secousses se sont produites verticalement.

Les habitants épouvantés se sont précipités hors de leurs demeures et sont allés, à peine vêtus, chercher refuge loin des maisons.

Dans le village des quantités de cheminées furent renversées. L'église et le bâtiment communal où se trouve la mairie, la salle d'école et le logement du couple d'instituteurs ont particulièrement souffert (15).

Ascros

Les dégâts sont dans l'ensemble peu nombreux. Toutefois, la maison d'habitation appartenant à M. Alziari Benoît, a été fortement endommagée. En effet, la façade donnant vers le midi ainsi que la toiture sont tombées. Il ne reste que l'écurie servant actuellement de gîte.

Par ailleurs trois granges, composées d'une écurie et d'un grenier à fourrage, se sont complètement écroulées (34).

Rourebel

A la première secousse, le sol s'abaissa de 75 cm et repris sa forme initiale, à la cinquième. Plusieurs maisons se lézardèrent et l'eau de la fontaine coula trouble pendant 24 h. La terre est crevassée. Des blocs énormes détachés de la montagne, obstruèrent le chemin vicinal de Rourebel à St Antonin (15).

Saint-Antonin

Le tremblement de terre a jeté l'effroi dans cette commune. Le vieux presbytère s'est fendu à deux endroits, de sorte qu'il y a danger à l'habiter. Une maison vis à vis du presbytère, s'est écroulée avec un grand fracas, personne ne se trouvait dedans. On raconte que la mère du curé est presque folle de terreur. Plusieurs cheminées sont tombées, l'église est toute crevassée et le clocher menace de tomber (30). Dans les environs les accidents sont nombreux et sérieux.

Sigale

Beaucoup de maisons furent endommagées et plusieurs détruites (15).
Celle appartenant à M. Bertolini Vincent, inspecteur des douanes italiennes en retraite, située au quartier St Sébastien, a eu la toiture et le premier étage d'effondrés, elle est devenue inhabitable.
Une seconde située au Pont de Sigale, composée de deux écuries, d'un étage d'habitation et d'un grenier à foin, est également effondrée.

La Penne

Les maisons du village sont presque toutes crevassées on ne déplore aucune victime (15).
Deux habitations appartenant au Marquis de la Penne, Consul d'Italie en Angleterre et à M. Alziari Charles, ont été fortement endommagées. La propriété du Marquis est fissurée à l'intérieur et des lézardes sont apparues sur les façades est et ouest. Les poutres sont sorties de leur pivot et la toiture s'est effondrée sur six mètres carré. Celle d'Alziari a été éprouvée dans son ensemble et la toiture s'est écroulée (36).
Par ailleurs, une maison au quartier Champ Baudoin et une au quartier Arrine se sont écroulées (15).

Saint-Pierre

Dans cette localité c'est la consternation, la femme de l'aubergiste a été écrasée par les gravats qui lui sont tombés dessus. Etant couchée dans son lit, sa fille de trois ans, qui dormait avec elle, a été sauvée. On l'a retrouvé sous son lit (15).

Aiglun

Dans cette localité, le séisme a été accompagné d'un bruit sourd. Dans un intervalle de trois secondes, deux fortes secousses d'une durée de quelques secondes ont ébranlé les maisons et fait vaciller les meubles (7-15).

Sallagriffon

Toutes les cheminées du village ont été renversées et beaucoup de toits se sont écroulés (15).

La Rochette

Deux maisons se sont écroulées et deux hommes ont été grièvement blessés (15).

Gars

Trois secousses furent ressenties avec un mouvement d'ouest est. La première dura au moins trente à quarante secondes et l'ébranlement fut si violent que tout craquait ou s'entrechoquait. Les portes s'ouvrirent, des poules furent jetées de leur perchoir, la marche des pendules s'interrompit et dans les maisons de campagne situées à une demi-heure du village, un four et une cheminée s'écroulèrent. Malgré tout aucun accident ne fut déploré (15).

SECTEUR OUEST DU VAR

Saint-Laurent-du-Var
Selon l'article de presse, la plus forte secousse alla de l'ouest à l'est et dura environ vingt secondes. Aussitôt tout le monde fut sur pied et la plupart sortirent en chemise dans la rue. Un cultivateur effrayé sauta par la fenêtre et se cassa une jambe. Au moment du séisme, la majorité des lits se déplacèrent au milieu des chambres. Quelques antiques et monumentales cheminées furent projetées dans la rue avec fracas et des façades se lézardèrent. Par ailleurs, on déplora un mouvement de panique à l'église où les fidèles et les officiants se précipitèrent vers la porte. On eut à signaler quelques évanouissements (1).
Plusieurs familles campèrent en plein air, dans les campagnes (4).

Gattières
Toutes les maisons ont été fortement secouées. Seul l'édifice scolaire a réellement souffert. En effet, les cloisons qui étaient déjà lézardées menacèrent de s'effondrer.
Par ailleurs, il a été constaté que les eaux du lavoir public et la Fondayrar sont devenues troubles (9).

Carros
Les maisons ont été prises d'une sorte de mouvement convulsif qui a fait craindre un instant pour la sécurité des gens.
Si les habitants sont sains et saufs, indiquera la presse, il n'en est pas de même des bâtiments. L'église s'est fendue de haut en bas sur deux de ses façades et la voûte menace ruine. La mairie a également souffert, le presbytère est fortement lézardé et l'ancien château de la famille Blacas a éprouvé de notables avaries.
De nombreuses maisons sont endommagées, plusieurs cheminées ont été détruites et des toitures menacent ruines.
Au lever du jour, les gens ont été frappés de torpeur en voyant le clocher de l'église osciller d'une façon désordonnée néanmoins il a tenu bon (4).
Tout le monde par la suite, a bivouaqué dans les champs (7).
Selon les Archives communales, vingt-sept habitations subirent des désordres, parmi lesquelles trois furent partiellement détruites (22).

SECTEUR N°9
Pays Grassois

Réalisation A. Laurenti

Le Broc

Dans le village toutes les maisons ont subi des fissures et un grand nombre de cheminées sont tombées dans les rues. Une habitation de deux étages a eu l'un de ses murs sérieusement lézardé. Ceux de la maison commune sont également en partie fendus. Deux autres maisons de trois étages ont été fortement ébranlées, des lézardes parcourent les façades de la base au sommet. Les murs et une partie de la voûte de l'église paroissiale ont été fissurés et la clef principale en fer soutenant la voûte a été brisée au milieu. Autre fait particulier l'eau de la fontaine est immédiatement devenue trouble (11).

Dans les campagnes proches du village, la maison de M. Michélis, constituée de deux étages et d'une écurie, a eu les murs lézardés sur toute la hauteur.

Mais tout ceci demeure sans comparaison avec les quartiers du Broc situés en bordure de l'Estéron.

Selon le rapport de gendarmerie de la brigade de Vence, une maison de deux étages, située au quartier des Fougassières, mesurant quinze mètres sur dix, a eu tous les murs écroulés jusqu'au rez-de-chaussée. A l'arrivée des autorités, une partie du mobilier était encore sous les décombres. Le propriétaire M. Bérenger, a déclaré que sept personnes étaient couchées chez lui quand sa maison s'est écroulée à la première secousse du tremblement de terre, que sa mère et son domestique ont échappé à la mort par un hasard providentiel. En effet, ils ont été découverts, quelques instants après, ensevelis sous les décombres de la toiture et des plafonds avec leurs lits complètement brisés.

Une autre maison inhabitée, contiguë à celle-ci et ayant la même grandeur, composée de deux chambres, d'un grenier et de deux écuries, a eu la toiture et une partie du mur nord écroulés.

Dans le quartier des Soutrans, la totalité des constructions subirent d'importants dégâts. Six maisons de deux étages sur rez-de-chaussée, furent ébranlées de la base au sommet présentant des lézardes de 5 à 15 cm. Les toitures et les plafonds s'écroulèrent et les murs se lézardèrent dangereusement. Deux autres habitations constituées d'un étage, devinrent aussi inhabitables. Un bastidon a également eu le toit ébranlé et les murs fortement lézardés.

Sur le terrain aux alentours de ces ruines, les gendarmes ont constaté des crevasses de cinq à six centimètres et déclarent qu'il sera impossible de construire de nouveau à cet endroit. Les rochers sont détachés et sur le point de rouler dans l'Estéron. Les propriétaires ont eu le temps de sauver leur mobilier et se sont réfugiés chez les voisins des hameaux de Cardons et des Soubrans. Seize personnes se trouvèrent sans abri.

Aucune victime ne fut déplorée excepté de M. et Mme Roustan et leur petite fille qui ont été surpris dans le lit, par les décombres de la toiture et du plafond. Ils en ont été quittes pour quelques légères contusions.

Au quartier de la Germaine, la ferme de Bonnafons Etienne, a eu une partie de son toit écroulé et les murs fortement lézardés. La toiture d'un bastidon s'est effondrée et les murs lézardés (26).

Au quartier des Cardons, la maison de M. Malaussène Marius, comportant trois étages, a été fortement ébranlée. Les murs intérieurs et extérieurs furent lézardés (26). Au quartier de la Clave, la maison de plain-pied d'Escoffier Marius, s'est écroulée. Une seconde d'un étage, a été fortement ébranlée (26).

COMMUNE DU BROC
Repérage des quartiers les plus affectés par le séisme du 23 février 1887

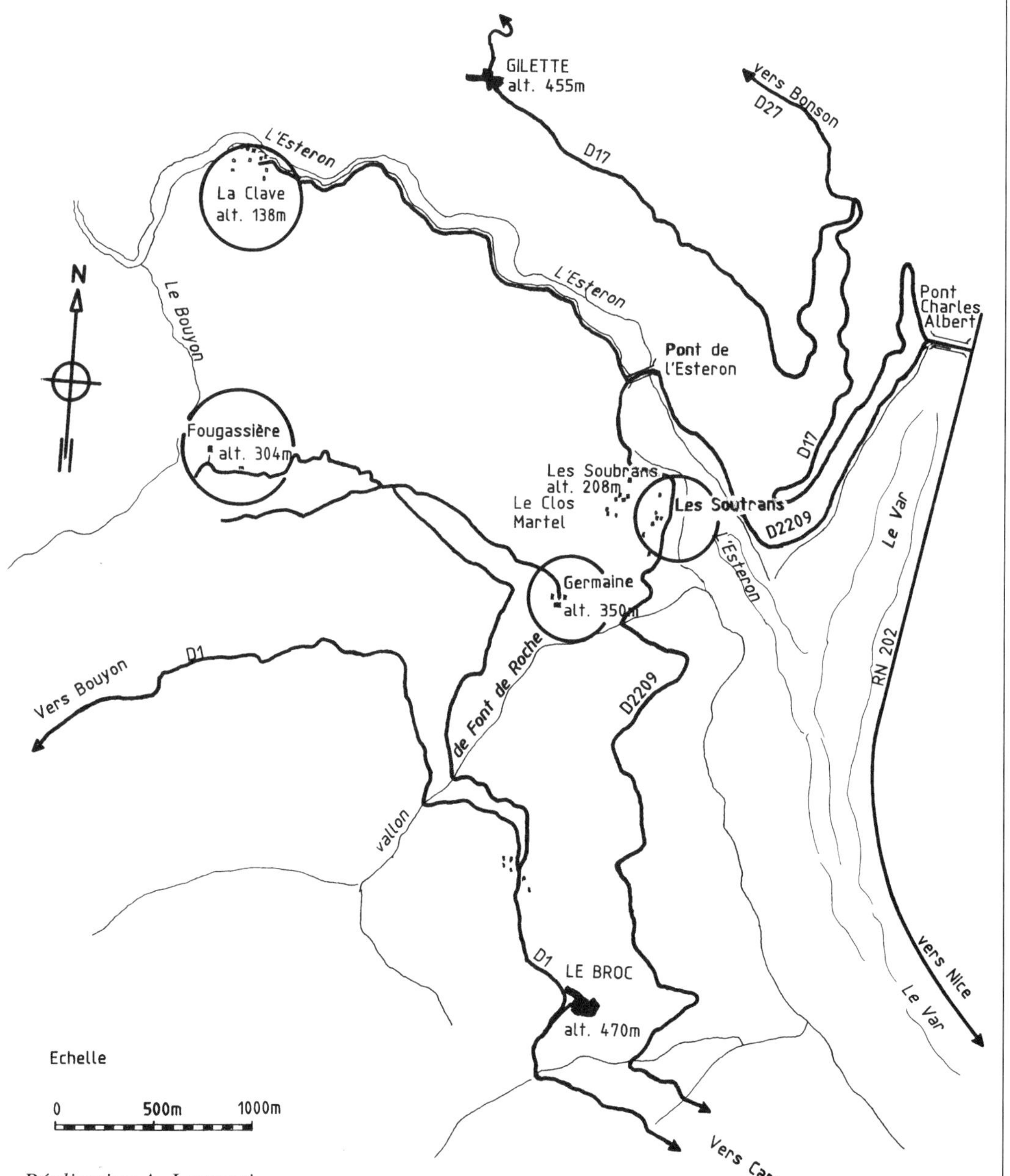

Réalisation A. Laurenti

Bouyon

Dans ce village les dégâts sont considérables. La maison dite le "Château" et plusieurs autres bâtisses voisines, se sont écroulées. L'église et le presbytère sont en ruines. D'après la presse, il ne resterait du village, que quatre ou cinq maisons habitables.
Un journaliste du "Petit Niçois" qui s'est rendu sur les lieux, a été vivement impressionné. "Douze à quinze maisons sont complètement détruites", écrira-t-il, "ce n'est plus qu'un tas de pierres. Quant aux autres, elles sont inhabitables. Des crevasses énormes les sillonnent de la base au sommet et presque tous les planchers sont complètement détachés des murailles" (14).
Malgré l'ampleur des dégâts, on ne déplora que six blessés. Dans un premier temps la population campa dans les champs puis, les nuits suivantes, les gens logèrent dans les écuries.
Il est certain que les chiffres varient selon les journaux. Ainsi, après ceux du "Petit Niçois", "l'Eclaireur du Littoral" annonça trente-trois maisons écroulées.
Par ailleurs, on peut comptabiliser dans les archives de la commune, quatre-vingt-deux maisons endommagées, trente-sept détruites et cinq détruites partiellement.

Bezaudun

Selon le quotidien niçois, l'école et le presbytère ont été fortement endommagés. Par ailleurs la municipalité a ordonné la démolition du clocher dont la chute était imminente. Quatre maisons se sont également écroulées et les autres, fortement ébranlées, menacent ruines (27).
Selon les archives de la commune et le rapport de la préfecture, six habitations se seraient écroulées entièrement, dix partiellement et trente autres auraient subi des dégâts divers (22).

Coursegoules

Contrairement aux villages voisins, cette localité n'a pas du tout souffert (14).

Cagnes-sur-Mer

La ville a peu souffert, on déplore quelques dégâts matériels et des chutes de cheminées et de plafond (3).
Ma grand-mère me racontait que le mur de soutènement de la placette dans le haut de Cagnes s'était en partie lézardé.

La Colle sur Loup

Triste réveil pour un lendemain de Mardi gras. Les maisons oscillaient sur leur base, des craquements sourds se faisaient entendre et tout le monde se précipitait

dans la rue, les uns à peine couverts d'un manteau, les autres dans le simple costume de nuit.
L'église paroissiale était bondée de femmes qui étaient allées prendre les "Cendres", au moment où le curé se retournait vers les fidèles, un morceau énorme de plâtre se détachant du plafond, venait se briser à ses pieds, la voûte de la nef principale se fendait et les chandeliers étaient renversés.
La panique s'empara de tous les fidèles qui se précipitèrent en criant, vers les portes s'entassant et se piétinant.
Une dame âgée a été piétinée et transportée évanouie à moitié asphyxiée. Les habitants hésitèrent à regagner leurs demeures, car toutes furent remplies de crevasses.
Partout les cheminées ont été renversées et de nombreux plafonds se sont effondrés.
La tourelle du château de Montfort a été fortement endommagée. Des pierres qui formaient un ornement en saillie, ont été projetées au sol tombant aux pieds d'une fermière.
Il n'y eut aucun accident grave à déplorer, tout se borna à des dégâts matériels (11).

Biot
Plusieurs cheminées se sont écroulées et quelques maisons ont eu des cloisons et des planchers légèrement lézardés (11). Une corniche s'est également écroulée, mais on ne déplore aucun accident (6).

Antibes
La violence de la secousse, a brisé le câble télégraphique sous-marin qui relie Antibes à la Corse (4). Par ailleurs, les dégâts sont insignifiants, il a été rapporté seulement quelques murs lézardés et un plancher effondré.
Par contre, peu après le séisme, il a été observé une baisse d'un mètre du niveau de la mer et une remontée atteignant, quelques instants après, presque la hauteur du quai. Ce qui représente une différence de deux mètres, à tel point que les navires chargés ont talonné et pris une assez forte inclinaison (1). Ce phénomène qui d'ailleurs n'a causé aucune avarie, s'est produit trois fois en l'espace d'une demi-heure (27).

Vallauris
Aucun accident à déplorer mise à part quelques dégâts matériels (7).
A Golfe-Juan deux villas furent endommagées, deux autres légèrement lézardées et une vieille toiture d'un four à poterie s'effondra ainsi que quelques cheminées (22).

Le Rouret
Le château du vieux Rouret a été endommagé mais personne n'a été blessé (4).

Tourrette de Vence
La population a eu un moment d'effroi mais heureusement aucun accident ne s'est produit (7).

Opio
Passant de l'ouest à l'est, le séisme a endommagé plusieurs maisons : vitres brisées, toitures écroulées, murs lézardés, etc.
La maison d'école et le presbytère ont beaucoup souffert et le clocher menace ruine (7).

Châteauneuf de Grasse
Malgré l'éloignement de l'épicentre, la secousse a eu aussi son contrecoup dans ce village où, sans compter les murs lézardés, une maison s'est complètement écroulée, fort heureusement le locataire était sorti cinq minutes avant. Par ailleurs quelques toitures ont été endommagées (28).

Bar-sur-Loup
Dans ce village, le tremblement de terre a pris des proportions d'une véritable catastrophe.
Bar-sur-Loup est bâti sur le flanc d'un coteau. Tout en haut du bourg se trouve la place principale et un ancien château féodal des Comtes du Bar. Ce fortin remarquable, à l'origine habité par quelques ménages, était flanqué d'une vieille tour crénelée et circulaire. Ses vestiges n'étaient pas dépourvus de caractère et frappaient de nombreux visiteurs et archéologues. Bien que abîmée par le temps et mutilée par les aménagements intérieurs qu'elle a subi depuis la révolution, cette tour fut lézardée par le séisme de 1854 et aucune réparation n'y avait été faite par la suite (28).
Lors du séisme, toute la moitié supérieure Est de cet édifice élevé, s'est brutalement détachée en un bloc énorme, tombant sur une maison située immédiatement en dessous, entraînant dans sa chute deux autres bâtiments contiguës, sept personnes ont été ensevelies.
Aux cris de terreur, aux lamentations des femmes se joignaient les plaintes des blessés et les appels désespérés de ceux qui étaient à la recherche d'un parent ou ami.
M. Antoine Giraud, sous-officier d'artillerie, en vacance à Bar-sur-Loup, a été l'un des premiers à arriver sur les lieux et à procéder au sauvetage des personnes ensevelies (16).
Cinq ont pu rapidement être secouru dès la première heure grâce aux travaux de déblaiement organisés par la municipalité, la gendarmerie et l'agent voyer. Il s'agit de M. Augustin Cavalier 54 ans, son épouse Justine Charreiron et leurs enfants de 11 à 15 ans et enfin de Mme Marie Lecler 68 ans, épouse de M. Guizol Jean-Baptiste (29). Ils ont été découverts assez contusionnés mais sans gravité sérieuse, sans oublier le périlleux

Effet du séisme à Bar-sur-Loup. *(reproduction A. Laurenti)*

sauvetage d'une jeune enfant de huit ans, laissée seule couchée dans une maison dont tout le mur a été entraîné par l'effondrement de la tour. Les planchers étant restés parfaitement en place, le lit de la malheureuse enfant se trouvait sur le bord même du vide à une hauteur de trois étages. Et c'est là qu'au péril de sa vie, qu'un citoyen est allé la chercher.
L'œuvre de déblaiement s'est poursuivi, une chaîne s'est formée à laquelle prenaient place tous les hommes valides. Une heure après le début des recherches, on retira Mme Charreiron 82 ans, la belle-mère de M. Augustin Cavalier, découverte morte par asphyxie.
Informés de cet évènement par télégramme, MM Delage sous-préfet de Grasse, le Procureur de la République, M. Pellegrin ingénieur d'arrondissement accompagnés par le capitaine de gendarmerie arrivèrent sur les lieux.
Lors de la troisième réplique, le pignon de la façade sud-est de l'église, une partie de la toiture ainsi qu'un morceau de corniche de la tour s'écroulèrent en une pluie de débris sur les sauveteurs, quelques-uns furent atteints aux jambes mais sans gravité (29).
Les difficultés de déblaiement étant telles et la quantité des décombres si considérable que le corps du malheureux Guizol fut retrouvé deux jours plus tard vers 16 heures. Ce dernier avait été projeté avec son lit dans l'atelier du menuisier Brassac, son voisin et gisait sur le sol complètement écrasé (29).
Outre les trois bâtisses écroulées et les dégâts occasionnés à l'église, quatorze autres maisons et la chapelle du couvent des sœurs Trinitaires, ont été très endommagées, cinq d'entre elles menacent ruine (29). Parmi elles, l'habitation de M. Agard maire de la commune, qui a eu au moment du séisme, tous les plafonds séparés et d'énormes plâtras se sont également détachés. L'un d'entre eux, estimé à 50 kg, s'est abattu sur son lit. Mais par un heureux hasard, le premier magistrat était à son château sur la commune du Rouret.
La villa Seytre n'a pas été épargnée et la corniche de sa tour est tombée, le bâtiment a aussi souffert dans son ensemble.
La maison de Barbier Alexandre a été également très endommagée, les crevasses et les fissures ne se comptent plus.
Quant à l'église, un pilier intérieur a été lézardé de haut en bas, à l'extérieur, une partie de la toiture et la corniche derrière le chœur se sont effondrées.

Gréolières

On déplore deux maisons crevassées (14). Les archives et le rapport de la Préfecture font état de trois maisons totalement détruites et six partiellement.

Grasse

Une longue et terrible secousse a ébranlé les maisons, mettant en mouvement les moindres objets. Les cloches se mirent à teinter, les chiens hurlaient à la mort.

L'on eût dit d'abord une violente bourrasque, secouant les volets puis de toutes parts la population tressauta sur les lits soumis à un mouvement oscillatoire des plus prononcés. Les portes et les meubles craquèrent et l'on sentit la maison se soulever de l'est à l'ouest. Les pendules placées dans le sens du courant s'arrêtèrent net et, phénomène curieux, les gares virent les aiguilles de leurs cadrans figées sur 5 h 47.
Les oscillations ont été fortes et plus d'une des cheminées de fabrique ont décrit un arc dont la corde a été évaluée à près d'un mètre. En un clin d'œil, maintes maisons ont été couvertes de lézardes et il est miraculeux qu'il n'y est pas eu de désastre dans les vieux quartiers où s'élèvent de vieilles masures que le moindre choc semble devoir faire effondrer.
Les dégâts sont insignifiants : un pan de muraille de la maison Seytre, est tombé dans la rue de Miel, quant à la paroisse, des crevasses se sont produites à la voûte principale et l'une des pierres, servant de clef de voûte, a fait un sensible mouvement.
Les offices ont été transférés momentanément à l'oratoire (27).
Une maison lézardée a été évacuée sur le champ (28). Par ailleurs, l'église du Plan de Grasse a été très endommagée (8).

Cannes

Plusieurs vitres furent brisées, des murs d'habitation lézardés et des quartiers de roche, sans précision des lieux, se détachèrent. La population inquiète, campa sur les places publiques et les allées de la liberté. Sur la place Châteaudun, plus de deux cents personnes se rassemblèrent autour de nombreux feux et pour se réchauffer, les gens dansèrent (11).
Mais la presse locale a plutôt mis l'accent sur le départ des touristes. Sa préoccupation essentielle était d'essayer, tant bien que mal de rassurer la population. Pour cela, le "Littoral Illustré" n'a pas hésité à annoncer à ses lecteurs "qu'il faisait très froid dans le nord et qu'un départ précipité pouvait compromettre la santé d'êtres chers pour lesquels le bienfaisant soleil était indispensable".
On insista aussi sur le fait que le Prince de Galles lui-même, montra l'exemple en déclarant le jour même du tremblement de terre, à tout son entourage, qu'il continuera à habiter l'hôtel qui porte son nom (15).
Au "bureau des téléphones", tous les volets indicateurs du tableau des abonnés tombèrent par contre ceux qui ne se trouvèrent pas en service restèrent en place (31). Si la secousse en était la cause, ils seraient tous tombés. Les scientifiques en conclurent que le fait ne pouvait donc s'expliquer que par la production de courant électrique sur les lignes du réseau (32).

Pégomas

L'affolement a été général. Quelques maisons ont été un peu lézardées et un toit s'est écroulé mais aucun accident ne fut à déplorer (6).

Auribeau
Toute la presse commenta les mêmes faits. Les oscillations d'ouest à est, d'une durée à peu près de 40" étaient si fortes que l'on s'attendait à voir les maisons s'écrouler. La population consternée, s'est précipitée dans la rue. Seules quelques cheminées ont été renversées et des murs se sont fendus (11).

Mandelieu
Un bruit sourd a commencé à se faire entendre, puis sont venues les oscillations qui allaient de sud-sud ouest à nord nord-est avec une assez grande vitesse mais aucun accident n'a été signalé dans la commune (4).

Peymeinade
La population effrayée a quitté les maisons fortement ébranlées mais il n'y a pas eu d'accident à déplorer (1).

La Roquette sur Siagne
On déplore juste quelques plafonds et cheminées écroulés. Quatre ou cinq vieilles maisons laissent apparaître des crevasses (11).
A 8 h 40 une nouvelle secousse moins forte que les deux premières, semble avoir suivi la direction nord sud.

Le Tignet
La secousse s'est annoncée par un mouvement brusque, saccadé et a fini de même. On pouvait même entendre distinctement le cliquetis des tuiles sur les toits. Des cheminées se sont écroulées, des plâtras sont tombés, quelques plafonds et une toiture en mauvais état se sont effondrés. Il s'agit là des seuls dégâts causés ici par ce terrible phénomène (11).

Seranon
Des rochers se sont subitement détachés de la montagne dite des Barres sise au nord de la vallée où est disséminé le village.
La presse rajoutera que des poules effrayées désertant précipitamment leur juchoir gloussaient outre mesure; chiens et chats étaient également affolés (11).

La Doire
Rien d'anormal à signaler à l'exception de la mort de quelques poules tombées de leur perchoir par suite des secousses (30).

EFFETS DU TREMBLEMENT DE TERRE EN LIGURIE

Pour ce qui concerne la partie italienne, les données dont je dispose, sont très générales et manquent de détail, notamment pour les villages qui ont peu souffert. La presse française a longuement décrit l'évènement Ligure, mais les articles comportent de nombreuses inexactitudes, il ne m'a pas été possible de recouper les informations avec d'autres organes de presse.
Toutefois l'importante collection de photos de M. Didier Moullin permet de se faire une idée de ce que fut ce désastre à Diano-Marina, Onéglia et Diano-Castello.
De plus, l'abondante documentation scientifique fournie gracieusement par l'Institut Géophysique de Rome, m'a permis de délimiter approximativement, la zone de dégâts intenses et de victimes.
En Italie, la catastrophe a durement touché la population.
Un rédacteur du journal le "Petit Niçois" s'est rendu dans les villes de la Ligurie qui ont le plus souffert. Il en publie un témoignage saisissant.

Diano Marina

Dans un café voisin de l'église de Diano, on dansait encore le Mardi Gras. Le bal s'était prolongé tardivement jusqu'au lever du jour, lorsque soudain une forte secousse suivie d'un déluge de gravats, enseveli danseurs et orchestre. Un séisme d'une rare violence venait en quelques secondes, de mettre à terre un tiers de la ville.
Les maisons qui restent encore debout ne sont plus habitables, l'antique église dont la ville était fière, n'existe plus.
Les survivants installèrent des campements autour de la station détruite elle aussi. Les salles de la gare ne sont plus qu'un amas de ruine. On évacue les blessés par les trains pour les amener à Albenga et

Dégâts importants à proximité de l'église de Saint-Antoine Abate *(Collection Didier Moullin)*

à Gênes. Quatre soldats du IIème d'infanterie, transportent un cadavre qui va rejoindre les quatre-vingt-dix-huit victimes retirées des décombres.
Sous le hangar de la villa Ardisson, le Comité de secours tient ses réunions. D'après M. Giuseppe Ardissone, frère du maire, les premières secousses ont été relativement faibles et n'ont causé aucun dégât important. La population s'en émut si peu, que les hommes et les femmes, suivant la coutume traditionnelle, se rendirent à l'église pour y prendre les cendres.
Les jeunes fatigués du bal, restèrent au lit. C'est à ce moment là, qu'une forte secousse ébranla la ville. Ce fut comme un immense craquement sinistre et Diano Marina s'écroula dans un nuage de poussière (33).

L'autorité militaire a envoyé immédiatement trois compagnies du 13ème et 14ème régiments, deux cents hommes du génie venus de Piacenza. Des tentes, des baraquements

Maisons dévastées à Diano Marina. *(collection Didier Moullin)*

furent rapidement dressés en même temps que l'on évacuait les déblais. Six cents ouvriers de la Galleria dei Giovi, un tunnel en construction de la ligne Genova-Busalla, travaillent au déblaiement sous la conduite de leurs ingénieurs. Des petits rails ont été apportés et installés à travers les rues afin d'amener à la mer, dans de petits wagonnets, les déblais.

Dans les maisons, divers objets défient les lois de l'équilibre. Au quatrième étage, une chaise est suspendue à une poutre; à côté une commode est inclinée sur trente degrés environ. A l'intérieur d'un bâtiment voisin, on aperçoit de la rue, dans un placard vitré, une pile d'assiettes et une soupière intactes, des cadres, des portraits et mille objets mobiliers dans le plus étrange désordre.

La plupart des victimes sont des jeunes de 18 à 30 ans. Parmi les morts se trouvent la famille Durante, une des plus estimées de Diano et le prétore Rossi à peine âgé de trente-deux ans, jeune homme d'avenir fils de M. Rossi substitut du procureur général à Genova (33).

Vendredi, deux jours après la catastrophe, les sauveteurs délivrent d'une sorte de niche formée par un morceau de plancher et deux poutres, un vieillard qui se tenait depuis trois jours, dans ce tombeau exigu, accroupi les mains sous ses genoux. Samedi lors d'une excavation, on retire vivants et bien portants, deux femmes dont une âgée de 70 ans et un petit enfant. A quelques mètres d'une équipe d'ouvriers, un bras apparaît, puis une petite tête et enfin surgit des décombres, un petit enfant de huit ans. On s'empresse autour du revenant qui regarde le public tout étonné et se met à crier tout à coup : "du pain, du pain". Ce petit garçon enseveli depuis quatre jours s'est creusé un chemin à travers les ruines.

La chose primordiale de la municipalité a été d'assurer la nourriture aux gens. Le pain provenait des villages voisins, quant aux

Bloc d'immeubles situé entre la «Piazza Dante» et l'hôtel Paradiso à Diano Marina.
(collection Didier Moullin)

Parties vulnérables d'un bloc, les extrémités.
(collection Didier Moullin)

Découverte d'un cadavre à Diano Marina.

Autres visions du même bloc à droite de la Piazza Dante. *(collection Didier Moullin)*

Etat de la Via Genova à Diano Marina.
(collection Didier Moullin)

Vue de Diano Marina depuis l'actuel Corso Garibaldi. *(collection Didier Moullin)*

De nos jours se trouve, à cet emplacement, le grand hôtel Paradiso. *(collection Didier Moullin)*

Spectacle de désolation le long du Corso Garibaldi. *(collection Didier Moullin)*

Front de mer dévasté de Diano Marina. *(collection Didier Moullin)*

Via Nizza depuis la via Cavour
à Diano Marina.
(collection Didier Moullin)

Rue Colombo à Diano Marina. *(collection Didier Moullin)*

Corso Garibaldi à Diano Marina.
(collection Didier Moullin)

Vision de la rue Colombo depuis le Corso Garibaldi à Diano Marina. *(collection Didier Moullin)*

vivres, elles arrivaient de Genova et des villes voisines. Tous les matins, le Comité de Secours fait la distribution. Chaque habitant reçoit une livre de pain (galette) une demi-livre de viande et de vermicelles.
Le Ministre des Travaux Publics, M. Genala est venu s'assurer du désastre. Il promet d'exonérer de l'impôt pendant trois ans Diano Marina (33).

Dans le "Bulletino del vulcanismo italiano", une note de E. Charlon attire l'attention sur la crise sismique qu'a connu ce secteur avant la catastrophe du 23 février 1887 (7-14).
"Depuis le tremblement de terre de 1832, on aurait ressenti à Diano plusieurs fortes secousses.
En 1885, le 16 février à 23 h 15, assez forte secousse précédée d'un bruit souterrain. En 1886 le 5 septembre à 21 h 50, faible secousse. Dans la nuit du 21 au 22 février 1887, vers minuit, certaines personnes disent avoir ressenti une faible secousse. Le 22

à 20 h 30 faible secousse précédée par un fort bruit souterrain venant du sud-ouest. La secousse a débuté par trois secousses susultoires, puis par de violentes secousses ondulatoires qui ont duré au moins 30", vers la fin les vibrations du sol n'avaient aucune direction déterminée et les trépidations augmentaient de violence. Cette secousse renversa les maisons (48)."
Le bilan dans la localité de Diano-Marina fut très lourd en perte humaine. Cette bourgade composée de 2246 habitants, perdit plus de 8 % de sa population avec 190 morts et 102 blessés (49).

Vision de ruine au village de Diano Castello. *(collection Didier Moullin)*

Diano Castello

Ce village qui domine Diano-Marina, est déjà sensiblement moins ravagé que ce dernier. Mais les dégâts restent tout de même considérables. On retira des décombres 32 morts et une quinzaine de blessés (49).

L'Église "di San Nicolò di Bari" à Diano Castello.
(collection Didier Moullin)

Images de désolation au village de Diano Castello. *(collection Didier Moullin)*

Casa Torre
à Diano Castello.

Rue des Martyres de la Libération.

Quartier dévasté à Diano Castello. *(collection Didier Moullin)*

Vue depuis la rue Borgo à Diano Castello. *(collection Didier Moullin)*

Oneglia

De nombreuses maisons se sont écroulées parmi lesquelles le bureau du télégraphe et le collège royal (15). Partout on peut voir des toits effondrés, des pans de mur branlants, troués de baies lumineuses, les vitres et les persiennes ouvertes, battent au gré du vent, les rideaux flottent hors des habitations abandonnées et de temps à autre quelques blocs de maçonnerie se détachent et tombent avec fracas dans un effritement de plâtras et de poussière.

La via Maria Curtina est déserte et gardée par des sentinelles du 13ème de ligne. Ça et là, des matelas et des campements sont installés un peu partout en attendant que les ouvriers finissent de construire des abris en planches.

Dégâts à Onéglia (Impéria).
(collection Didier Moullin)

Mardi, deux ingénieurs venus spécialement de Milan pour vérifier et constater les dégâts, se trouvaient dans une maison fort endommagée lorsque soudain, une énorme poutre se détacha du mur et vint écraser un de ces malheureux (7-12-33).
Le séisme fit au total 20 morts et 22 blessés (49).
De tristes anecdotes sont nombreuses, toutes également désolantes et racontées par les survivants avec des sanglots de désespoir.
La maison Agnési s'est effondrée ensevelissant un professeur M. Morro. La jeune maîtresse de maison âgée de vingt ans qui venait de rentrer du bal, a été tuée dans son premier sommeil. En s'écroulant, le bâtiment est tombé sur la caserne contiguë où huit soldats qui se trouvaient à l'infirmerie ont été atteints, tuant l'un d'entre eux (20).
Par ailleurs, un père de famille en poste à l'église San Giovanni, se leva à 5 h mais l'église était encore fermée. Il retourna un moment chez lui pour revoir ses enfants qu'il avait laissés seul. C'est à ce moment que la secousse se produisit, toute la famille succomba (20).
Quinze jours après la catastrophe, la commission technique du génie civil déclara inhabitable 90 % des habitations contre 98 % selon le génie militaire (12).

Effondrement caractéristique de l'extrémité d'un bloc.
(collection Didier Moullin)

Porto Maurizio (7.219 hab.)
Les habitations ont été sérieusement endommagées, faisant une victime et neuf blessés. Une partie de la population a reçu l'hospitalité à bord des bateaux ancrés dans le port, d'autres dans des wagons de la compagnie des chemins de fer, tandis que les agriculteurs et les pêcheurs se partagent des cabanes en planches.
Les administrations reprirent le travail dans des baraquements de fortune construits rapidement à cet effet et les offices religieux se font sur le perron de l'église (12).
Les deux localités de Porto Maurizio et Onéglia furent sous le régime du fascisme, réunies pour devenir définitivement Impéria.

Cervo (954 hab. province de Porto Maurizio)
Distante de cinq kilomètres de Diano Castello, cette localité a encore moins souffert. Malgré tout, on déplore une victime et quatre blessés. On raconte qu'à quatre kilomètres, au hameau de San Piétro, la secousse n'a même pas été ressentie.

Pompiana
Plus d'une vingtaine de maisons se sont écroulées et l'église a été sérieusement endommagée. On compte cinq morts et sept blessés (20).

Castellaro (Province de San Remo)
Le désastre est grand, peu de maison reste debout. Sur ce petit village de 848 âmes, plus de 4 % de la population a été décimée en enregistrant 38 morts et 65 blessés. Là encore la plupart des victimes ont été tuées par l'effondrement de l'église.
Les habitants campèrent un peu partout dans les campagnes. Des charrettes de planches furent acheminées pour construire des baraquements (15).

Bussana (Bussana Vecchia)
Situé sur les collines qui couronnent les vallées d'Argentina à l'est et celle d'Arméa à l'ouest, Bussana est distant de six kilomètres de San Remo.
Rien n'était plus gai et plus gracieux que ce paradis de vignobles, d'orangers et de violettes. Qui aurait cru, quelques instants auparavant, alors que le jour se levait, que tout allait être ravagé ?
La secousse a été d'une violence inouïe, détruisant presque entièrement le village, à l'exception de deux maisons.
Comme ses voisins de Diano, Bussana a perdu cinquante-trois de ses concitoyens, vingt-sept furent blessés.
Mais le nombre de victimes aurait pu être encore supérieur, les habitants ont échappé de peu au même scénario qu'à Baiardo. En effet, les fidèles venaient tout juste de sortir de l'église lorsque celle-ci s'effondra. Il ne resta plus que les quatre murs et le clocher qui tenait par miracle. Dans les petites ruelles étroites, de gauche à droite, se dressaient des murs branlants prêts à s'écrouler. De temps en temps, le vent détachait des pierres et des poutres, partout les rues étaient jonchées de débris de toutes sortes.
Une trentaine de soldats vinrent porter secours à ces malheureux. Le lieutenant Mattei sauva deux petits enfants qui, ensevelis sous les décombres, appelaient leur mère écrasée à leurs côtés (14).
Face à cette désolation, la presse apportera une petite note d'humour en évoquant l'aventure d'un blessé qui était resté six heures pris entre les murailles, la tête en bas.

Quand les sauveteurs lui présentèrent une bouteille de rhum, il se serait contenté de dire "Est-ce qu'elle est toute pour moi ?".
Le sauvetage des habitants demeure difficile et très dangereux à cause des murs qui menacent de tomber à tout instant mais aussi à la fréquence des répliques. Lors de la deuxième secousse, des ruines s'écroulèrent à nouveau, ensevelissant plusieurs sauveteurs (20).
Vendredi, deux jours après, ils retirèrent encore d'une maison, une mère et sa fille qu'on croyait mortes (20).
Bussana, appelé de nos jours Bussana Vecchia, a été, après le séisme définitivement abandonnée par ses habitants. Près d'un siècle plus tard, vers 1963, pierre après pierre, les ruines ont littéralement ressuscité grâce à l'imagination, la persévérance, l'obstination, le talent d'une communauté d'artistes.
Cette localité longtemps fantôme, qu'on peut croire complètement délaissée lorsqu'on l'aperçoit de loin depuis l'autoroute, accueille plus de 250 000 visiteurs par an.

San Remo

Le maire de la ville, M. Asquacioli, télégraphia que le tremblement de terre avait causé des dégâts purement matériels, aucune victime n'était à déplorer (1).
Toutefois, le clocher de l'église des Anges s'est abattu sur la voûte. Pas très loin de là, le plafond de la caserne proche du monastère, s'est effondré. Un caporal et trois soldats ont été blessés (14).
Beaucoup d'étrangers quittèrent la ville pour la France (11), et les habitants campèrent dans les jardins.

Ceriana (Province de San Remo)

Les dégâts matériels sont importants. Presque toutes les maisons sont inhabitables, ici aussi, on a évité le pire. En effet de nombreux habitants se trouvaient dehors, accompagnant un défunt à sa dernière demeure lorsque soudain, la secousse eut lieu. Sans cela toute la population aurait été ensevelie dans l'église qui s'est écroulée comme à Baiardo ou à Castellaro (20). On déplore au total, 5 morts et 12 blessés.

Baiardo

Baiardo est situé à vingt-trois kilomètres de Ventimiglia, sur un promontoire rocheux à 900 m d'altitude. Ici l'intensité du séisme a été identique à celle de Ventimiglia, les dégâts matériels furent peu nombreux. Pourtant le tremblement de terre a été terriblement meurtrier et de loin, le plus dramatique.
En effet, ce matin là, un grand nombre d'habitants était réuni en masse dans l'église pour célébrer le Mercredi des Cendres. Environ 650 personnes assistaient à cette cérémonie devenue une coutume très observée dans la région.

Soudain, c'est le drame, la première secousse fait tomber entièrement la voûte sur la foule. Seule, la partie couvrant le maître autel a été épargnée. Ainsi le prêtre vit s'effondrer, l'église sur les fidèles (20). En quelques secondes ce lieu de culte, s'est transformé en véritable tombeau géant. Sur les côtés, seulement sous les voûtes basses, quelques personnes sont restées saines et sauves.
La presse indiquera que la scène qui suivit ce malheur est indescriptible. Les cris des victimes et l'appel des parents accourus sur les ruines, furent déchirants (14).
Par ailleurs, dans le village, deux vieilles maisons se sont écroulées ensevelissant six personnes (14).
Au cours des journées de Mercredi et Jeudi, 220 victimes furent retirées des décombres. Ils seront tous enterrés dans une fosse commune remplie de chaux et creusée par les soldats du 13ème régiment d'infanterie en garnison à San Remo. Le déblaiement s'effectua avec le concours de 150 ouvriers des chemins de fer et 150 jeunes des environs. Quant aux nombreux blessés, ils furent installés sous des tentes et soignés par des docteurs venus de San Remo. Le maire de cette commune du littoral fit parvenir des vivres et des couvertures (14).

Bordighera (province de San Remo)
La ville a énormément souffert, toutes les maisons ont été ébranlées, mais par hasard, on déplore aucune victime (20).

Vallecrosia (province de San Remo)
De nombreux fidèles furent ensevelis dans les ruines de l'église paroissiale. On retira des décombres deux morts et cinq blessés (7).

Andorra (province d'Albenga)
Toutes les constructions furent fortement fissurées alors que l'ancienne tour ronde, resta intacte.
Le nombre de maisons détruites est important surtout dans le hameau de Lates. Il y aura deux morts et dix-sept blessés (15).

Noli (province de Savona)
A Noli, le spectacle est le même qu'à Diano Marina. Cette charmante petite bourgade si fière de son castel et de ses portes, est en piteux état. Le séisme aura provoqué la mort de seize personnes et fit dix-sept blessés. Les habitants se sont tous réfugiés au milieu des champs (14).
Le maire a demandé à Savone, des troupes et des provisions (15).

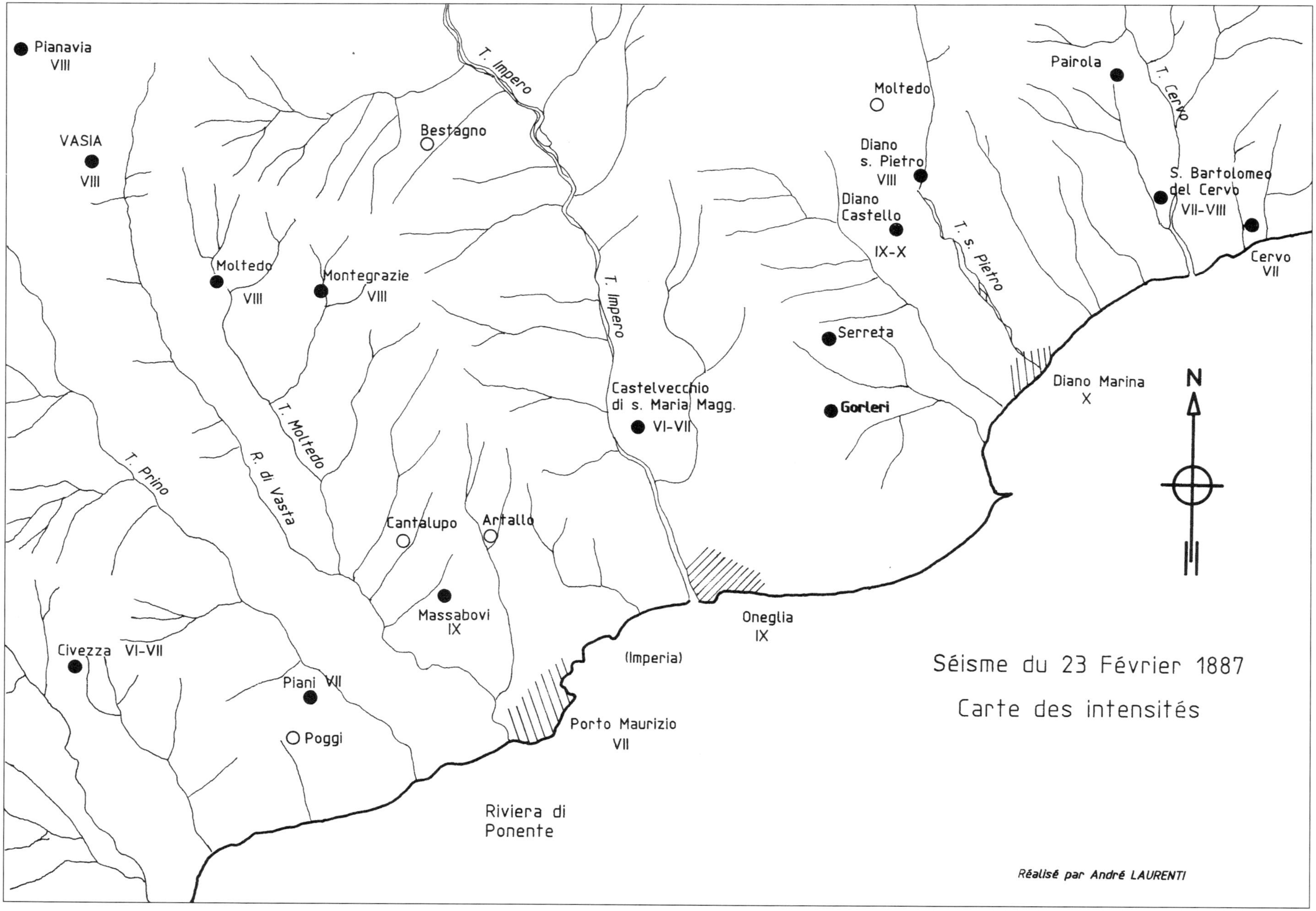
Séisme du 23 Février 1887
Carte des intensités
Pianavia VIII
VASIA VIII
Moltedo VIII
Montegrazie VIII
Bestagno
T. Impero
T. Moltedo
R. di Vasta
T. Prino
Cantalupo
Artallo
Massabovi IX
Civezza VI-VII
Piani VII
Poggi
Porto Maurizio VII
(Imperia)
Oneglia IX
Riviera di Ponente
Castelvecchio di s. Maria Magg. VI-VII
Serreta
Gorleri
Moltedo
Diano s. Pietro VIII
Diano Castello IX-X
T. s. Pietro
Diano Marina X
Pairola
T. Cervo
S. Bartolomeo del Cervo VII-VIII
Cervo VII
N
Réalisé par André LAURENTI

Savona (province de Savona)

Bâtie en partie sur une plage sablonneuse, Savona a vu ses édifices tellement détériorés qu'une seconde secousse lui eût fait courir les plus grands dangers.

Certains ouvriers qui travaillaient au bord de mer au moment de la catastrophe, racontèrent que le sable fumait.

Un quart des habitations furent détruites, le bureau télégraphique s'écroula (15). Deux maisons de quatre étages, situaient dans la rue Untoria, s'effondrèrent entraînant ses occupants sous les décombres. Plus loin, le toit de l'église de la Madone est tombé (7). Dans l'après-midi, une nouvelle oscillation fit s'écrouler une maison de la rue Forni (15).

On déplora en tout une dizaine de morts et une quinzaine de blessés.

La population fuit la ville, les gens partent camper sur les collines avoisinantes, errent ça et là. Autour des feux, ils font cuire les aliments qu'ils ont pu emporter, tandis que d'autres personnes, logent dans des wagons (14).

Les jours suivant virent l'arrivée du Ministre des Travaux Publics, deux mille tentes furent mis à la disposition des habitants (14).

Albissola (province de Savona)

Selon Stanislas Meunier, aide naturaliste au Muséum de Paris, de passage dans la région, indiqua que près d'Albissola également fort éprouvé, la voie de chemin de fer tout comme la route de terre, sont traversées de crevasses ouvertes, un pont s'est même écroulé. On voit les ruines disparaître en même temps que le sol s'élève (32).

Meunier précise qu'il y a une influence manifeste de la roche superficielle... Les points ruinés sont constitués par des lambeaux détritiques : poudings pliocènes, sables quaternaires, etc. Au contraire, les localités moins éprouvées sont sur la roche massive calcaire, schiste, granit. Le naturaliste conclura sur le fait qu'il s'agit là, d'une observation analogue aux constatations antérieures effectuées au cours du tremblement de terre d'Andalousie en 1884 (32).

Genova

Le tremblement de terre a surpris les danseurs en plein bal masqué. Une terrible panique s'ensuivit et les rues se trouvèrent tout à coup, envahies par une foule affolée (11).

Plusieurs maisons s'écroulèrent et des familles se trouvèrent sans abri.

Un retrait de la mer a été observé en plusieurs points du littoral, notamment à Genova, Savona, Final Marina, Diano et Porto Maurizio. Pendant la journée du 26 février, un bateau, qui avait besoin de réparations, se préparait à entrer dans le bassin de carénage, lorsqu'il fut empêché par le retrait des eaux. Celle-ci aurait baissé de 35 cm tout comme à Savona.

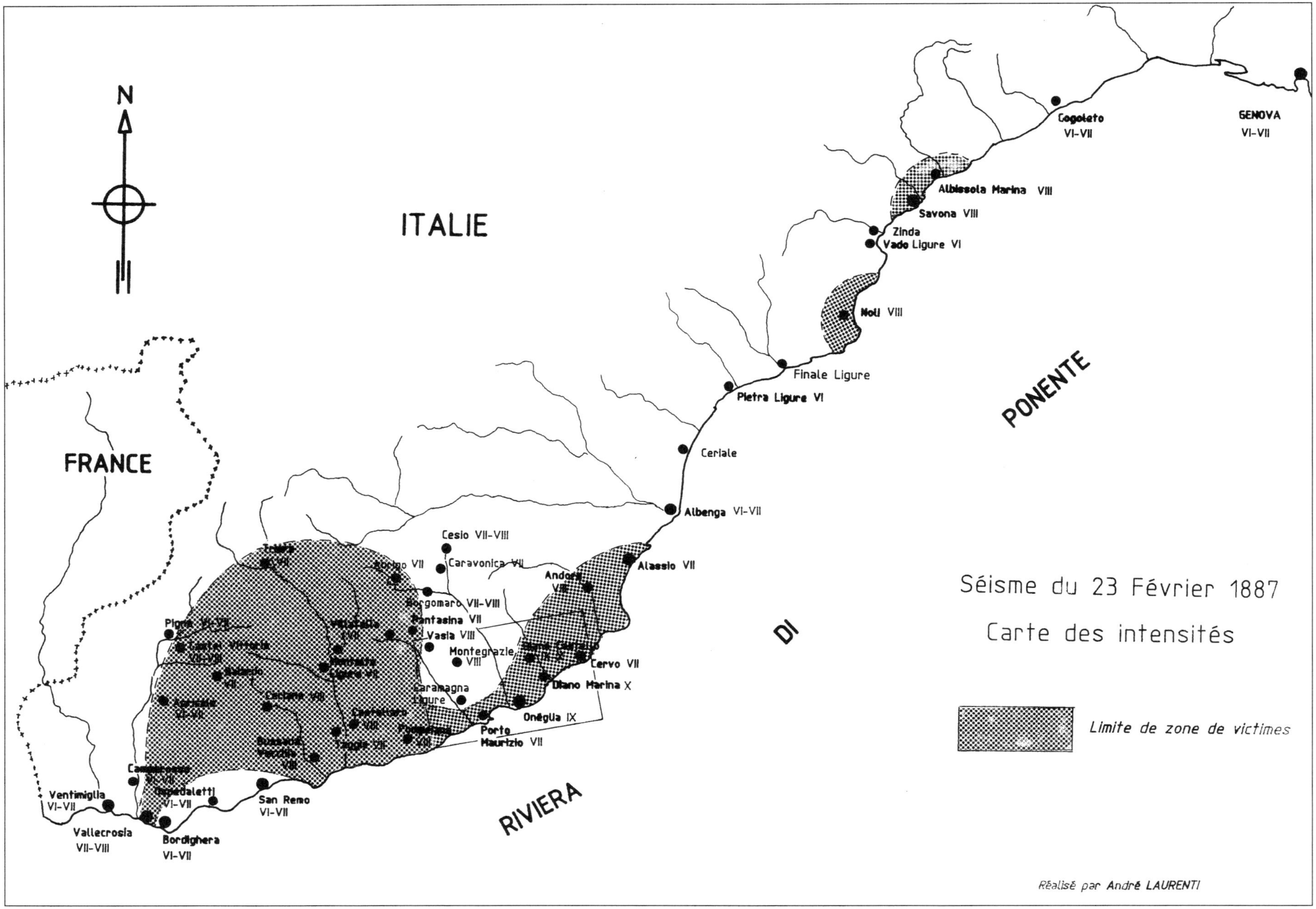
Séisme du 23 Février 1887
Carte des intensités
Limite de zone de victimes
Réalisé par André LAURENTI
N
ITALIE
FRANCE
RIVIERA
DI
PONENTE
GENOVA VI-VII
Cogoleto VI-VII
Albissola Marina VIII
Savona VIII
Zinda
Vado Ligure VI
Noli VIII
Finale Ligure
Pietra Ligure VI
Ceriale
Albenga VI-VII
Alassio VII
Cesio VII-VIII
Caravonica VII
Borgomaro VII-VIII
Pantasina VII
Vasia VIII
Montegrazie VIII
Caramagna Ligure
Cervo VII
Diano Marina X
Onèglia IX
Porto Maurizio VII
San Remo VI-VII
Ospedaletti VI-VII
Bordighera VI-VII
Vallecrosia VII-VIII
Ventimiglia VI-VII

Autre observation intéressante, celle effectuée sur le chemin de fer qui réunit Genova au Piémont par Novi. La ligne traverse la montagne au moyen d'un tunnel perturbé pendant plusieurs mois par un éboulement.
Le gouvernement italien s'engagea à faire percer une nouvelle galerie, tout près de l'initial. Le jour du séisme, le tunnel était entièrement percé, mais quelques centaines de mètres n'étaient ouverts qu'à petite section et manquaient de revêtement.
Le Docteur A. Issel, Professeur à l'Université de Genova, a enquêté auprès des ouvriers, contremaîtres et ingénieurs qui se trouvaient dans la galerie à l'heure de la plus forte secousse. Ils affirmèrent tous qu'elle a été très légère ou qu'elle n'a pas été perçue de tous. Personne n'entendit de grondement souterrain.
A 180 m de l'extrémité sud, on ressentit une faible secousse. A 1.240 m et à 1.485 m, on vit tomber quelques briques de revêtement, mais la secousse ne fut pas directement perçue; à 1.490 m et à 1.505 m, les ouvriers n'observèrent rien d'anormal. Au-delà, il n'y avait personne.
Dans un autre tunnel en construction, qui n'était pas entièrement percé, destiné à relier les quais du port de Genova à la gare orientale (1.176 m), les vibrations du sol furent ressenties très légèrement. Elles ne furent point remarquées du tout, dans une petite galerie de 387 m sous la colline Gambania.
Dans toutes les autres galeries, de Menton à Genova, qui traversent toute sorte de type de terrain, les secousses n'ont pas produit le plus léger dommage; point de crevasse, point de brique ou de moellons tombés. La circulation des trains a été interrompue pendant quelques heures à cause d'un petit éboulement qui s'est produit près de Final Marina à l'extérieur (76).

Vado

Ce bourg, distant de cinq kilomètres de Savona, quatre crevasses parallèles, d'environ 100 m de longueur chacune, dirigées du nord-ouest au sud-est se sont ouvertes dans un terrain marécageux, à 300 m de la plage. Sur quelques points, l'ouverture des crevasses serait assez large pour passer le bras. Le terrain s'est abaissé de 25 cm sur leurs bords. Une cinquième crevasse perpendiculaire aux précédentes, mesure 200 m de longueur. Les habitants affirment que, lors de l'ouverture de ces crevasses, ils virent distinctement en sortir une éruption fangeuse. Une autre crevasse se serait manifestée sur la route du Col d'Altare (32).
Un autre phénomène curieux, s'est produit en mer. En effet le Commandant du vapeur Guadeloupe, de la Société Transatlantique, voyageant de Genova à Marseille et se trouvant par 43°45' de latitude nord et 5°39' de longitude est, ressentit à 6 h du matin, deux fortes secousses, comme si le navire eût touché un écueil. Le commandant fit ralentir la machine et examiner la cale.
Vers 8 h, le navire ressentit une autre secousse moins sensible. Ces secousses correspondaient parfaitement à celles qui causèrent les destructions sur le littoral (32).

L'agitation du sol, moins intense, mais également désastreuse, s'est propagée sur le pays montagneux qui va du Col d'Altare au-dessus de Savona à Millesimo, Mondovi et aux régions limitrophes. La secousse a été forte, mais sans dommage considérable, dans les provinces de Coni, d'Alexandrie et de Turin. Elle a été plus légère dans les plaines et dans les vallées de la province de Novare et en Lombardie, faible ailleurs en Italie (77).

ETAT PARTIEL DES DEGATS ET DES VICTIMES EN ITALIE (49)

COMMUNES	NOMBRE DE MORTS	NOMBRE DE BLESSES	NOMBRE DE BATIMENTS ENDOMMAGES		
			HABITABLES IMMEDIATEMENT	HABITABLES APRES REPARATIONS	EN RUINES A DEMOLIR
Circonscription d'Albenga					
Alassio	4	3	230	196	32
Andora	2	16	186	133	52
Bardino Nuovo		1	116	11	5
Bastia (Frazione di Albenga)		3			
Campochiesa		2			
Finalborgo		7	283	102	26
Finalmarina		1	170	115	1
Finalpia	2	1	62	94	27
Pietra Ligure		2			
TOTAL	8	36	1047	651	143
Circonscription de Savona					
Savona	10	15			
Albissola Marina	3	10	55	118	6
Noli	16	17	165	64	67
Cogoleto		1			
Vezzi Portio	1	1	54	99	22
Vado		1	254	35	15
TOTAL	30	45	528	316	110

ETAT PARTIEL DES DEGATS ET DES VICTIMES EN ITALIE (49)

Communes	Nombre d'habitants	Nombre de morts	Nombre de blessés
Circonscription de Porto Maurizio			
Porto Maurizio	7219	1	9
Oneglia	8006	20	22
Castelvecchio di S.M.Maggiore	451	1	3
Diano Marina	2246	190	102
Diano Castello	902	32	15
Cervo	954	1	4
Aurigo	760	10	2
Piani	642		1
Pantasina	474	1	3
Valloria Marittima	293	1	3
Villatalla	443	1	5
TOTAL	22 390	258	169
Circonscription de San Remo			
Camporossa	1526		1
Coldirodi	2268		2
Triora	5909	2	6
Baiardo	1587	220	60
Ceriana	2541	5	12
Castellaro	848	38	65
Pompeiana	907	5	7
Apricale	2103		7
Bussana (vecchia)	820	53	27
Castelvittorio	1627	5	2
Taggia	4494	8	5
Montaldo Ligure	1291	1	6
Vallecrosia	754	2	5
TOTAL	26 675	339	205

Les effets ressentis ailleurs

Le tremblement de terre a été plus ou moins ressenti dans une aire de 600 km de diamètre, soit sur une étendue considérable d'environ 300 000 km2.

La commotion a été perçue à l'ouest dans le Vaucluse, les Bouches-du-Rhône, le Gard, l'Hérault, la Lozère; au nord-ouest dans les Hautes-Alpes, la Drôme, l'Isère, l'Ardèche, la Haute-Loire, le Puy de Dôme, la Loire, le Rhône, l'Ain; au nord dans le Piémont, la Savoie et la Suisse; au nord-est dans la Lombardie; à l'est jusqu'à Florence et au sud, au-delà de la Corse (74).

A Draguignan, un mur situé sur l'ancienne route de Grasse fut renversé (30). A Aups, on raconte qu'une vieille femme mourut de peur. Deux maisons furent détruites à Montauroux et un éboulement considérable de rochers se produisit à Châteaudouble (30). A Gap des cheminées tombèrent et dans de nombreuses maisons de Toulon, des meubles se déplacèrent (1).

A Marseille, le marégraphe n'indiqua aucune agitation de la mer mais les ondulations allant d'est en ouest, furent ressenties et de brusques trépidations s'accompagnèrent de mugissements souterrains. A Grenoble, les pendules s'arrêtèrent et dans les campagnes, des poteaux télégraphiques furent renversés (8). A l'observatoire de Bâle en Suisse, les horloges s'immobilisèrent à 6 h 43 mn et 50 secondes, soit 5 h 43 en temps de Paris.

Le seul sismographe que la France possédait était celui de l'observatoire météorologique de Perpignan, un système Cecchi. Il indiqua d'abord à 5 h 45, une oscillation ouest est, suivie d'un mouvement de rotation.

Mais ce qui fut constaté pour la première fois à l'époque, c'est une perturbation des magnétographes à l'heure du séisme. Ainsi, à 5 h 45 de Paris, les appareils de Perpignan, de Paris et de Lyon enregistrèrent une perturbation, celui de Nantes n'a rien ressenti. En tenant compte des différences de longitude, l'heure a été exactement la même pour les trois appareils. Il en a été conclu que cette perturbation était due à un courant électrique (75).

L'heure précise des secousses et la vitesse de propagation ont été déterminées dans une approche peu rigoureuse attribuée à l'époque, à la diversité des heures suivant l'endroit où l'on se trouvait.

Selon l'astronome Camille Flammarion, la vitesse de propagation a été estimée, depuis Diano-Marina à Bâle et à Perpignan, à 1.900 m/s soit 6.840 km/h.

La secousse la plus forte et la plus désastreuse, a eu lieu à 5 h 42 heure de Paris, qui correspondait à 6 h 22 heure de Rome. Cette secousse avait été précédée d'un léger avertissement vers 3 h 20.

La principale, a été longue et multiple, composée de cinq ou six secousses consécutives, dont l'ensemble a duré près d'une minute et accompagné presque partout, d'un formidable bruit souterrain. Dix minutes plus tard, c'est-à-dire à 5 h 52, nouvelle secousse moins forte, également multiple mais d'une moins longue durée. Deux heures trente et une minute après la secousse principale, c'est-à-dire à 8 h 23, nouvelle secousse qui elle aussi causa des désastres terribles en renversant sur les côtes de la Ligurie, un grand nombre de maisons et d'édifices ébranlés par la secousse principale.

Il y en eut d'autres le jour même, le lendemain ainsi que les jours suivants, mais elles furent secondaires et de plus en plus faibles (74).

CHAPITRE TROIS

Prévention et sensibilisation

Protection du bâti ancien et culture sismique locale

En octobre 1993, j'effectuais un stage intensif au Centre Universitaire Européen pour les Biens Culturels (C.U.E.B.C.) à Ravello sur la côte Amalfitaine. Ce séminaire fut extrêmement riche d'enseignement.
Le centre de Ravello a pour vocation d'organiser des échanges et des comparaisons entre les techniques et sciences diverses, en les mettant au service du patrimoine culturel européen avec la volonté d'étudier les problèmes et d'en suggérer les solutions par une approche pluridisciplinaire. C'est dans cet esprit que des archéologues et des experts d'architecture vernaculaire ont enquêté sur les méthodes que les communautés situées dans des zones à risque sismique, ont inventées aux cours des siècles, pour protéger l'habitat contre les tremblements de terre.
Dans les régions sujettes régulièrement à des catastrophes naturelles, la culture locale demeure marquée par le risque.

Toutefois certaines catastrophes ne produisent pas forcément de techniques spécifiques. Par exemple, les inondations ou les avalanches conditionnent plutôt l'emplacement des villages que les techniques de construction. On peut par conséquent, s'attendre à ce que dans les régions sismiques, la récurrence des séismes ait produit l'enracinement de techniques particulières.
Malgré tout, les séismes ne donnent pas systématiquement, naissance à une culture sismique. Des tremblements de terre dévastateurs ne provoquent pas l'enracinement d'un savoir spécifique, en effet si tous les édifices sont détruits il est évident qu'il sera difficile de reconnaître les techniques les plus efficaces. De plus si le bilan des pertes en vies humaines est lourd, il est probable que ceux qui connaissaient les techniques disparaissent. A l'inverse, des tremblements de terre de faible intensité n'endommagent pas suffisamment les édifices pour pouvoir en dégager des techniques. La période de retour des séismes, a elle aussi, son importance; si les secousses sont peu fréquentes, la population en oublie les effets.
En principe, on peut considérer qu'une culture sismique se forme si l'intensité est forte mais non catastrophique VIII à X degrés de l'échelle M.S.K. et si la récurrence est telle qu'une génération est frappée au moins deux fois (40 à 60 ans). Dans ce cas, les techniques sont mises à l'épreuve et améliorées à chaque séisme.
La communauté connaît bien leur efficacité et les adopte couramment tout en les perfectionnant. On est alors en présence d'une culture sismique que les spécialistes définissent de "prévention" documentée par des techniques antisismiques locales.
Si les séismes sont plus espacés comme c'est le cas dans les Alpes-Maritimes, les connaissances s'évanouissent peu à peu. La culture sismique locale (C.S.L.), après un brusque essor durant la période suivant le séisme, tend à se relâcher de plus en plus. On parle alors d'une culture de "réparation antisismique" généralement documentée par des anomalies qu'on repère dans le bâti.

Culture sismique des Alpes-Maritimes

Ainsi dans certains villages des Alpes-Maritimes, il apparaît de nombreuses traces caractéristiques, à valeur de confortement tels que les contreforts, les renforcements en fruit, les tirants, les arcs de décharges, les arcs de contraste, ces derniers sont d'ailleurs repris de nos jours, sur les groupements d'habitations, mais seulement dans un unique souci de décoration.
Il serait nécessaire de modifier la façon de considérer le bâti ancien. Il ne faut pas voir une construction ancienne comme un objet sur lequel intervenir, mais plutôt comme une source d'information qui nous dévoile son histoire et surtout, qui nous apprend ce qu'il reste encore à faire.
Dans la région on peut constater que le bâti ancien n'est pas bien réparé. Alors que les constructions nouvelles tendent vers un renforcement grâce à l'application, depuis

août 1994, du respect des règles parasismiques à tous bâtiments, le bâti ancien, non concerné par ces mesures, tend vers l'accroissement de sa vulnérabilité. En effet, il est rarement entretenu ou fait souvent l'objet de modifications peu respectueuses de ses caractéristiques d'origine. Il est courant de constater des surélévations en maçonnerie moderne sur les bâtis anciens traditionnels, des grandes percés en rez-de-chaussée destinées à des garages ou à des devantures de commerces qui bouleversent l'organisation ancienne des murs de façade où n'étaient aménagées que des ouvertures, portes et fenêtres basses et étroites.
Dans les villages de l'arrière pays, on peut observer que l'habitat étagé s'organise par groupes de maisons et forment ainsi, des volumes homogènes.
Lors d'un séisme, ce sont généralement les éléments extrêmes d'un bloc qui subissent le plus de désordres. Cependant des constructions situées à l'intérieur de ces blocs, sont quelquefois abandonnées, non entretenues, voire même en ruine. Les blocs en question, deviennent alors, entièrement vulnérables.
Il faut aussi éviter d'affaiblir les contreforts par l'incrustation de compteurs gaz, E.D.F. et également de créer ou agrandir des ouvertures proches des angles.

La lecture du bâti ancien par le dépistage des techniques qui ont été inventées pour protéger l'habitat contre les séismes, permet de révéler les comportements de réponses face à un évènement sismique. Cette enquête, qui se veut minutieuse, invite de nos jours, à récupérer et à réinterprétrer ces méthodes pour conforter le bâti ancien.
Il devient, par conséquent nécessaire, voire indispensable, de développer cette technique douce dans notre département.
Sans cette démarche, nous courrons vers une situation analogue à celle qui vient de frapper la région italienne d'Umbria. En parcourant les zones affectées de Colfiorito, d'Annifo et de Cupigliolo, j'ai pu observer les effets néfastes de la crise sismique qui a débuté le 26 septembre 1997. Ce tremblement de terre est le modèle type de phénomène qui pourrait se produire dans notre département, c'est-à-dire un séisme d'intensité modérée (5,5 de magnitude) dans une région qui a perdu sa culture sismique locale. J'ai pu constater sur la plupart des bâtiment fortement endommagés, le manque de cohérence des matériaux utilisés. En effet des parties de mur en pierre sont brusquement interrompues pour être repris en brique puis en tuf plus loin. On peut remarquer également sur des façades, la multiplication des ouvertures borgnes et ajourées, ou bien des baies démesurées qui ne font que contribuer à affaiblir gravement les édifices.
Mais les effets les plus désastreux ont été provoqués par l'apport du béton armé sur des matériaux d'origine. Les toitures en dalle béton ont joué le rôle du rouleau compresseur quant aux planchers en poutrelles béton encastrées, ils ont fait office de bélier sur les murs d'appui. La rigidité du béton face à la souplesse des matériaux traditionnels servant d'assise, n'a pas résisté aux effets de cisaillement provoqué par les secousses, elle n'a fait au contraire, qu'amplifier les destructions.

Il serait donc opportun de se remettre en question et de proscrire en zone sismique, les mélanges incohérents de la maçonnerie traditionnelle et du béton sauf ci celui-ci est repris depuis la base dans les règles de l'art.
En attendant, il est recommandé d'être très prudent pour toutes modifications du bâti ancien et de prendre conseil auprès de spécialistes compétents.

Modèle type d'ouverture trop grande.
Séisme du 26/09/97 en Umbria, village de Colfiorito.
(Photo A. Laurenti)

Résultat de l'apport du BA sur du traditionnel.
Séisme du 26/09/97 en Umbria, village de Cupigliolo.
(Photo A. Laurenti)

Même situation
au village de Serrone.
Séisme du 26/09/97
en Umbria,
(Photo A. Laurenti)

Cas de figure identique
pour l'église d'Annifo.
Séisme du 26/09/97
en Umbria,
(Photo A. Laurenti)

Prévention et suggestions

Les profondes modifications, l'oubli progressif de l'efficacité parasismique des techniques traditionnelles, le manque d'entretien, concourent à affaiblir les édifices qui faisaient pourtant preuve, à l'origine, d'une grande résistance aux séismes. Il serait donc souhaitable qu'une politique de prévention se développe aussi dans ce domaine.
Lors du colloque de Vernègues en juin 1993, les experts ont fait plusieurs suggestions. D'une part la diminution de la vulnérabilité devrait être clairement intégrée dans la liste des critères d'amélioration de l'habitat ancien donnant droit à subvention.

D'autre part, l'action des assurances devrait être davantage tourné vers la prévention ainsi le fond de réparation des dommages après catastrophe pourrait servir à stimuler la consolidation et l'entretien régulier des bâtis anciens afin de redonner aux communautés une conscience du risque plus positif et responsable.

Les stations sismologiques dans le département

De nombreuses stations sismologiques existent dans le département des Alpes-Maritimes, notamment celles qui sont reliées en permanence à la fois à l'Observatoire de la Côte d'Azur à Nice et à l'Institut de Physique du Globe de Strasbourg (I.P.G.S.). Le réseau est composé de huit stations installées à Caln, sur le plateau de Caussols, MIVF au Mont Vial, TOUF au Mont du Tournairet, AURF à Aurière près de Luceram, AUTN sur le sommet de l'Authion, SAOF à Saorge, CVF à Calvi en Corse, enfin REVF au Fort de la Revère près du Col d'Eze.

INSTITUT DE PHYSIQUE DU GLOBE

BUREAU CENTRAL SISMOLOGIQUE FRANÇAIS
Réseau National de Surveillance Sismique

5, Rue René Descartes
67084 STRASBOURG CEDEX, FRANCE
Tél. 03 88 41 63 00 - Tlx 890 518 F - Fax 03 88 61 67 47

Réseau sismologique des Alpes-Maritimes

Station	**Latitude** *DMS*	**Longitude** *DMS*	**Altitude** *Mètre*
AURF AURIERE	43 53 14.4 N	7 19 39.0 E	1 040
AUTN AUTION	43 59 43.8 N	7 25 39.0 E	2 065
CALN CALERN	43 45 07.9 N	6 53 21.8 E	1 430
MVIF MONT VIAL	43 53 46.8 N	7 09 09.0 E	1 480
TOUF MT TOURNERET	44 00 48.6 N	7 14 53.9 E	1 830
REVF REVERE	43 44 24.0 N	7 22 03.0 E	700
SAOF SAORGE	43 59 11.0 N	7 33 19.0 E	600
CVF CALVI	42 34 03.0 N	8 52 10.0 E	530

Sismographes verticaux - Période propre 2.0 s - Amortissement 0.7

RESEAU DE SURVEILLANCE SISMOLOGIQUE DES ALPES-MARITIMES

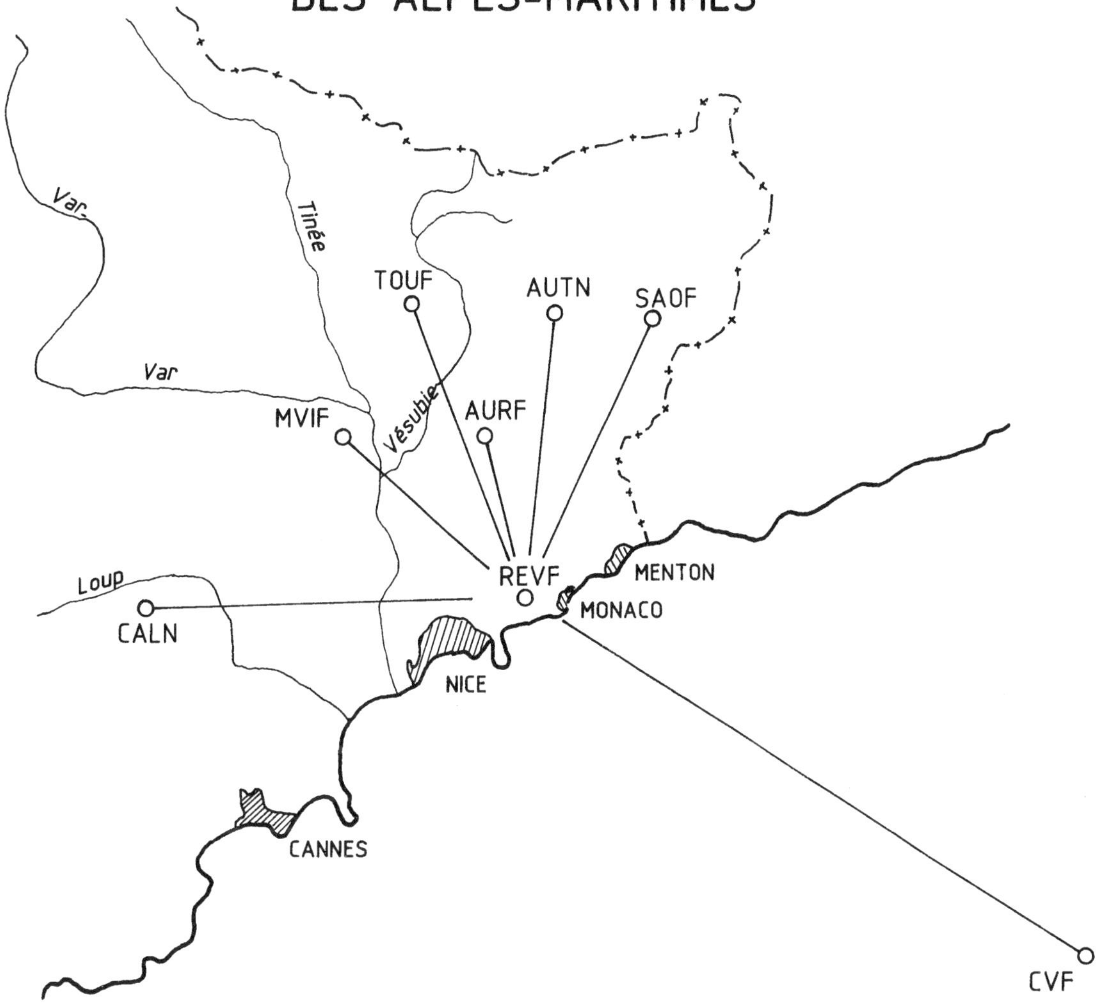

Station		Latitude D M S	Longitude D M S	Altitude Mètre
AURF	**AURIERE**	43 53 14.4N	7 19 39.0E	1040
AUTN	AUTION	43 59 43.8N	7 25 39.0E	2065
CALN	CALERN	43 45 07.9N	6 53 21.8E	1430
MVIF	**MONT** VIAL	43 53 46.8N	7 09 09.0E	1480
TOUF	MT TOURNERET	44 00 48.6N	7 14 53.9E	1830
REVF	REVERE	43 44 24.0N	7 22 03.0E	700
SAOF	SAORGE	43 59 11.0N	7 33 19.0E	600
CVF	CALVI	42 34 03.0N	8 52 10.0E	530

Cette dernière station est équipée à la fois d'un sismographe à 3 composantes et d'une composante accélérométrique horizontale. Elle sert également de station réceptrice et d'enregistrement. Une liaison radionumérique permet le transfert des données vers l'Observatoire de la Côte d'Azur pour une première interprétation. De même, l'ensemble des données de ce réseau est transféré de façon continue par ligne téléphonique numérique à l'Institut de Physique du Globe de Strasbourg.
L'I.P.G.S. est équipé d'un dispositif d'alerte sismique qui permet de prévenir automatiquement un sismologue d'astreinte en cas de séisme moyen. Aucune permanence n'est par contre organisée dans les locaux de l'I.P.G.S. pour répondre 24 h/24 aux appels téléphoniques. Un message peut être laissé sur un répondeur. En cas de nécessité, les responsables des services sismologiques peuvent être contactés à leur domicile.

Ce qu'il faut savoir

Afin de lutter efficacement contre les effets d'un séisme, un plan d'engagement simultané et sous une même autorité de moyens d'intervention et de soins médicaux dénommé "séismes", a été institué en 1994; il est spécifique au département des Alpes-Maritimes.
Ce plan prévoit la mise en œuvre de moyens en matériels et en personnels susceptibles de remédier aux conséquences d'un tremblement de terre dans le département.
Il a pour objectifs :
– d'assurer sans délai, dès l'alerte, les secours et les premiers soins;
– d'organiser la logistique des divers intervenants;
– de favoriser l'accueil hospitalier des victimes;
– de mettre à l'abri les sinistrés indemnes;
– de permettre l'information des autorités et de la population.

La décision de déclencher le plan départemental "séismes" appartient au préfet ou au sous-préfet en cas d'absence. L'alerte est identique à celle prévue dans le plan ORSEC.
Lors d'un séisme destructeur et avant même l'arrivée des premiers secours, les consignes et les directives propres à sécuriser tels que, les points de regroupement et les moyens d'accès aux secours, seront diffusés à la radio et à la télévision. Des numéros de téléphone spécialisés seront communiqués par l'intermédiaire des médias, au public pour lui permettre de se renseigner sur la catastrophe.
Toutefois il est nécessaire, en cas de séisme majeur, que chacun connaisse les consignes de sécurité à adopter et qui pourront éviter de graves erreurs de comportement.
Celles-ci ont été extraites du dossier annexé au plan ORSEC intitulé "Plan d'urgence départemental séismes" édité le 21 janvier 1994 par la préfecture.
La diffusion de ce dossier a été faite auprès de toutes les instances dirigeantes des Alpes-Maritimes, mais n'est malheureusement jamais remonté jusqu'à la population.

Que faire en cas de tremblement de terre ?

Au moment même du tremblement de terre :

Dans tous les cas, restez calmes et communiquez ce calme à ceux qui vous entourent. Si vous êtes à la maison, dans un magasin, au bureau, à l'école :

– Ne sortez pas, vous risqueriez de recevoir des objets ou des décombres.

Une exception, toutefois, si vous êtes au rez-de-chaussée, et non loin d'un espace à ciel ouvert suffisamment large (cour, jardin sans arbres, rue pas trop étroite) courez vers ce lieu dégagé. Vous avez quelques secondes au moins avant que le choc ne devienne destructeur.

– Réfugiez-vous sous les structures portantes ou dans un coin formé par elles (murs porteurs, poutres maîtresses, linteau de porte percée dans un mur porteur) ou bien sous un meuble robuste (table ou lit); la salle de bains offre aussi des garanties, les tuyauteries retenant certains morceaux prêts à tomber.

– Si possible, faites-le loin des fenêtres, vitres, miroirs ou glaces, lustres, tableaux et meubles hauts et pesants (étagères).

– Attendez la fin de la secousse, qui dure rarement plus d'une minute. Inutile de courir tout de suite vers les escaliers, qui seront soit détruits, soit encombrés de gens paniqués. Ne pas utiliser les ascenseurs qui seront en panne ou présenteront trop de risques. N'allez pas sur un balcon.

Si vous êtes en villa isolée :

Pour les constructions situées sous des rochers ou des falaises comme c'est le cas pour les communes de Eze, Cap d'Ail, Roquebrune, La Turbie… évacuez le plus rapidement possible votre domicile même si celui-ci est peu affecté. Les effets induits peuvent être plus destructeurs que le séisme par lui-même. Dirigez-vous vers un lieu à l'écart de tout éboulement. Ne retournez pas avant qu'une autorité compétente vous ait donné le feu vert.

Si vous êtes à l'atelier ou à l'usine :

– Prenez les mêmes précautions que ci-dessus mais les structures portantes sont souvent loin et beaucoup de choses peuvent tomber d'en haut; s'éloigner en particulier des bacs ou conduites de produits dangereux ou toxiques, des lignes électriques aériennes et des ponts roulants. Si c'est possible, arrêtez les machines.

– Les dessous de passerelles ou d'escaliers métalliques peuvent constituer de bons abris, à condition de ne pas les toucher (risques d'électrocution par contact avec des fils tombés).

Si vous êtes à l'air libre, dans la rue, au jardin ou à la campagne :

– Restez à ciel ouvert, gagnez un lieu dégagé, éloignez-vous le plus possible des constructions, des lignes électriques et des grands arbres. La secousse en elle-même ne tue pas et les risques pour qu'une crevasse s'ouvre sous vos pieds et vous engloutisse sont pratiquement nuls.

Si vous êtes dans une rue étroite, réfugiez-vous sous une porte.
Si vous êtes en voiture :
– Stoppez l'automobile, si possible à ciel ouvert, mais restez à l'intérieur. Si vous êtes passager (automobile, autobus, train) restez à l'intérieur.

Que faire après la secousse ?
Immédiatement après :
– Ouvrir la porte de la maison pour s'assurer une issue.
– Si la secousse a été assez forte pour compromettre la solidité, même partielle, des bâtiments et si vous êtes à l'intérieur : sortez après avoir rassemblé tous ceux qui étaient à proximité de vous. Calmez-les, veillez à ce qu'ils soient tous là. Aidez les personnes âgées, les malades et les infirmes.

– Ne courez pas à travers ou près des constructions, là où il y a danger de chute de débris. En effet, d'autres secousses, plus faibles, les "répliques" peuvent survenir et faire tomber ce qui ne tient plus très bien.
– Coupez l'eau, l'électricité et le gaz (pour votre sécurité générale, vous devez en permanence savoir où sont les compteurs ou les vannes maîtresses).
– N'allumez pas de flamme nue (allumette, briquet); il y a trop de risques de fuites de gaz et d'incendie après un séisme.
– Si vous êtes bloqué par des effondrements, essayez de signaler votre présence en frappant de temps à autre sur une canalisation métallique ou une poutre.

Si la secousse n'a pas été trop forte :
– Vérifiez l'état des conduites en remettant en circuit successivement l'eau, le gaz (ne cherchez pas les fuites avec une flamme) puis l'électricité. S'il y a fuite ou court-circuit, coupez à nouveau le fluide en cause.
Si la secousse a été forte et si vous êtes au bord de la mer, à moins de 15 mètres d'altitude ou à moins de 1,5 kilomètre du rivage, ou bien dans une zone déclarée dangereuse à ce titre, gagnez au plus vite un point plus élevé : un tsunami, ou raz-de-marée, peut en effet survenir. Ne redescendez pas avant qu'une autorité officielle compétente vous ait donné le "feu vert" pour le faire. Ne vous précipitez surtout pas sur la plage pour "voir la vague"; lorsqu'on la voit, il est trop tard pour lui échapper; en fait, il y a une série de vagues.

Que faire ensuite ?

– Mettez-vous à l'écoute de votre radio portative; des bulletins d'information et des directives seront diffusés.
– Réconfortez les personnes choquées, soignez les blessés autour de vous. N'essayez pas de déplacer les personnes sérieusement blessées, sauf s'il y a risque immédiat de nouvelle blessure (chute de mur, etc).

– Obéissez scrupuleusement aux consignes qui vous seront données, collaborez avec les personnes chargées des secours (sapeurs-pompiers, policiers, militaires, personnels de santé, etc), renseignez-les.
– Ne téléphonez pas, sauf pour signaler les urgences médicales, un incendie ou un crime; les lignes risqueraient d'être saturées et vous gêneriez l'organisation des secours.
– Portez des chaussures fermées partout où il y a des éclats de verre et des gravats.
– Balayez et nettoyez les médicaments éparpillés, les produits ou autres matériaux nocifs répandus (par exemple les détachants, l'essence et autres produits pétroliers, l'ammoniaque, l'esprit de sel, etc).
– Ne faites pas fonctionner les interrupteurs ou les appareils électriques si cela sent le gaz, vous pourriez provoquer une explosion ou déclencher un incendie.
– Ne touchez pas aux fils électriques tombés à terre, ni aux objets en contact avec ces fils.
– Vérifiez l'état des cheminées de votre maison, c'est une des parties les plus fragiles; approchez-vous en prudemment et n'oubliez pas que l'utilisation d'une cheminée détériorée peut provoquer un incendie. En cas de doute, ne l'utilisez pas.
– Vérifiez les placards et les buffets; ouvrez doucement les portes; prenez garde aux objets en équilibre instable sur les étagères.
– Vérifiez vos provisions de bouche : attention, jetez la nourriture qui se trouvait dans des récipients ouverts placés non loin de vitre ou de glaces brisées; par contre, vous pouvez filtrer les liquides à travers un tissu propre.
– Si l'eau est coupée, faites le bilan de vos provisions; si vous n'en avez pas, n'oubliez pas qu'il y a de l'eau dans le chauffe-eau, le réservoir de la chasse d'eau des W.C., les cubes de glace et le givre du réfrigérateur, les conserves de légumes.
– Si l'électricité est coupée, planifiez l'utilisation de la nourriture périssable de manière à consommer d'abord ce qui se gâtera le plus vite, en faisant l'inventaire de ce qu'il y a dans votre réfrigérateur ou votre congélateur.
– N'encombrez pas les rues, laissez-les libres pour les véhicules de secours. N'allez pas faire les badauds "pour voir". Vous gêneriez les secours. N'allez pas dans les zones endommagées, sauf si les organisations de secours y réclament votre aide.
– Soyez prêts pour les répliques (secousses sismiques postérieures aux premières); la plupart sont plus faibles que la secousse principale, mais certaines peuvent être assez fortes pour causer de nouveaux dégâts.

Que faire avant ?

Il n'est pas actuellement possible de prévoir un tremblement de terre. On peut cependant prendre des précautions permanentes :
si vous désirez faire construire dans une zone à risques sismiques l'arrêté du 18 août 1994 conduit à l'application des règles parasismiques pour les maisons individuelles. En conséquence l'architecte et l'entrepreneur respectent ces règles.

Vous pouvez aménager et meubler votre maison en conséquence :
– Utilisez des meubles bas avec des pieds robustes. Si vous avez des meubles hauts et des étagères, scellez-les de manière sûre aux murs, pour éviter qu'ils ne se renversent.
– Placez les lits loin d'objets ou de meubles susceptibles de tomber et loin des fenêtres, surfaces vitrées et miroirs.
– Evitez de placer des objets lourds sur des meubles hauts ou sur des consoles ou sur des étagères.
– Stockez les liquides combustibles et inflammables loin des issues.

Ayez sous la main les objets nécessaires en cas de besoins :
– un poste radio portable, avec de bonnes piles;
– une ou plusieurs lampes de poche, avec des piles de rechange. Pensez que les piles peuvent se conserver plus longtemps si elles sont au frais dans le réfrigérateur;
– une trousse et un manuel de premiers secours;
– quelques conserves (avec un ouvre-boîtes manuel), du sucre, du lait en poudre, bref de quoi tenir deux à trois jours;
– de l'eau (une dizaine de litres par membre de la famille) mais n'oubliez pas que cette provision ne doit pas croupir et doit être renouvelée.
Ayez toujours à l'esprit :
– où se trouve le ou les extincteurs; si vous n'en avez pas, achetez-en un et faites-le vérifier régulièrement;
– comment couper l'eau, le gaz et l'électricité;
– comment réunir votre famille.
Les consignes "Que faire au moment même du tremblement de terre ?". Si, en effet, à ce moment-là, vous devez fouiller dans vos archives pour retrouver le présent document, il sera trop tard… Assurez-vous que vos proches connaissent aussi ces consignes, sans pour autant les inquiéter.
Rappelez-vous que cela n'arrive pas bien souvent mais que cela ne prévient pas.

Mais qu'attendent donc les pouvoirs publics ?
Comme nous venons de le voir, les Alpes-Maritimes représentent le département le plus exposé aux risques sismiques de l'hexagone.
De nos jours les experts de l'Institut Géodynamique de Sophia Antipolis, ceux du Laboratoire Océanologique de Villefranche et leurs homologues italiens, étudient et analysent les phénomènes très complexes de notre région afin de comprendre le fonctionnement.
Quant à la prévention, la diminution de la vulnérabilité du bâti, la protection et la sensibilisation de la population, ce domaine là est du ressort des pouvoirs publics, ils leur appartiennent de prendre les décisions qui s'imposent et de financer des campagnes.
Certes un grand pas a été franchi depuis le 1er août 1994, date à laquelle les normes parasismiques ont été enfin étendues aux maisons individuelles, mais tout n'est pas joué, car il n'y a actuellement, aucun moyen de contrôle. Tout reste à faire également,

MINISTÈRE DE L'INTÉRIEUR
Direction de la Défense et de la Sécurité Civiles

MINISTÈRE DE L'ÉDUCATION NATIONALE
Université Louis-Pasteur (Strasbourg I)

INSTITUT DE PHYSIQUE DU GLOBE

Bureau Central Sismologique Français

Centre National de la Recherche Scientifique - Institut National des Sciences de l'Univers

La collecte et l'archivage des renseignements et témoignages relatifs aux tremblements de terre ressentis en France sont assurés par le BCSF. En accord avec Monsieur le Directeur de la Défense et de la Sécurité Civiles, je demande aux destinataires de ce questionnaire d'apporter leur contribution à ces enquêtes dont je souligne l'intérêt.

Le Préfet, Commissaire de la République

1. Lieu

Département
Commune
Lieu-dit

Le tremblement de terre a-t-il été observé dans votre commune ? ☐ Oui ☐ Non

2. Date

|_____|_____|_____|_____| |_____|_____|

Jour de la semaine — Jour — Mois — Année   Heures — Minutes (de 0 à 24 h à partir de minuit)

3. Effets du séisme

Le séisme a-t-il été

Ressenti ☐ et/ou Bruits entendus ☐

☐ Avant, ☐ Pendant, ☐ Après la secousse ☐ Sans secousse

(Préciser dans les cases : **R** pour Rares, **N** pour Nombreux et **G** pour Généralisés)

4. Le tremblement de terre a-t-il été ressenti

☐ Dans les habitations : ☐ Maison individuelle
☐ Immeuble collectif : ☐ A tous les niveaux
☐ Etages élevés seulement
☐ En plein air

5. Quels effets a-t-il provoqués sur les objets ?

(Préciser dans les cases : **R** pour Rares, **N** pour Nombreux et **G** pour Généralisés)

☐ Balancements des objets suspendus : ☐ Légers ☐ Forts
☐ Vibrations des vitres
☐ Tremblements de vaisselle, portes, fenêtres : ☐ Légers ☐ Forts
☐ Bruits de craquements de meubles, planchers, poutres, plafonds
☐ Déplacement de meubles : ☐ Légers ☐ Lourds
☐ Arrêt de pendules (noter l'heure)
☐ Chutes d'objets
☐ Autres

Adresse postale : BCSF - 5 rue René Descartes - 67084 Strasbourg Cedex - France - Télex IPGS 890518

6. Quels dommages a-t-il causés aux constructions ?

(Préciser en fonction du type de construction, colonnes A, B ou C, et de la nature des dégâts, le pourcentage de constructions concernées à l'échelle de la commune : **R** pour Rares, **N** pour Nombreux et **G** pour Généralisés)

	Type A (Briques crues, Pierres tout venant)	Type B (Maçonnerie/Bois Pierres taillées)	Type C (Béton armé)
- Fissurations des plâtres	☐	☐	☐
- Chutes de plâtres	☐	☐	☐
- Fissurations des murs extérieurs	☐	☐	☐
- Fissurations des cheminées	☐	☐	☐
- Chutes de tuiles	☐	☐	☐
- Lézardes larges dans les murs	☐	☐	☐
- Chutes de cheminées	☐	☐	☐

☐ Dommages aux canalisations (eau, gaz,...)
☐ Dommages autres (brèches, effondrement,...)

7. Quelle est la nature du terrain aux endroits où ces dégâts ont été constatés ?

☐ Meuble ☐ Rocheux

8. A-t-on observé des effets sur les sources, puits, rivières... ?

☐ Avant ☐ Pendant ☐ Après le séisme

9. A-t-on observé des effets sur les terrains, routes... ?

10. Quels effets le séisme a-t-il provoqués sur les personnes ?

☐ Réveil ☐ Pertes d'équilibre ☐ Frayeur
☐ Vertiges ☐ Chutes ☐ Panique

11. Y-a-t-il eu des effets sur les animaux ?

☐ Avant ☐ Pendant ☐ Après le séisme

12. A-t-on remarqué d'autres secousses ou bruits sismiques avant et/ou après la secousse principale ? (Si oui, préciser les dates et heures)

13. Avez-vous personnellement ressenti le séisme ? ☐ Oui ☐ Non

Si oui, étiez-vous ☐ Dans une habitation ☐ A quel étage :
☐ En plein air

Quelle était votre occupation au moment du séisme ? ____________________

Nom et Prénoms : ____________________

Adresse : ____________________

Date : ____________________

Veuillez utiliser une feuille annexe pour toutes précisions utiles ou pour d'autres observations. Merci de votre collaboration.

pour protéger le bâti existant, surtout lorsque l'on voit sur les flancs des collines, des constructions édifiées très exactement sur de véritables échasses et d'une conception on ne peut plus favorable à la destruction en cas de séisme, sans oublier bien sûr, celles blotties sous les falaises défiant l'absurdité, véritables épées de Damoclès surplombant les communes de Roquebrune, Cap d'Ail, Eze, La Turbie et Beaulieu.

Si les Alpes-Maritimes accusent un tel retard en matière de prévention et de sensibilisation, nous le devons, en partie, au passé politique local. En 1960, après le séisme d'Agadir au Maroc, le Professeur Rothe secrétaire du Bureau International de Sismologie de Strasbourg, déclara dans une interview, que la région de France la plus susceptible d'être atteinte par des séismes était surtout la Côte d'Azur. Cette révélation d'un homme de science déclencha une véritable polémique et l'on vit même s'agiter les autorités régionales. Fait à peine croyable, une des plus hautes personnalités niçoises eut même l'intention d'exercer des poursuites contre l'intéressé ainsi que contre un hebdomadaire ayant publié la carte de la sismicité de la France et il fallut plusieurs interventions pour arrêter l'affaire. En octobre 1989, cette même personne osait annoncer dans la presse, qu'un tiers des habitations de la région niçoise étaient construites selon les règles parasismiques. Un résultat récent d'étude d'évaluation du risque sismique sur la ville de Nice, révèle que 98 % de la ville est hors norme parasismique. Seuls le centre administratif, l'aéroport, le palais des Congrès et les E.R.P. construits après 1969 seraient conformes. On est bien loin du compte.

Malgré tout, les hautes autorités réagissent à chaque soubresaut important. Malheureusement à partir du moment où il n'y a pas de dégât, tout retombe très rapidement dans l'oubli. Ainsi deux jours après la secousse du 26 décembre 1989, le Secrétariat d'Etat à l'Environnement, décide l'implantation de trois stations de type V.A.N. dans les Alpes-Maritimes et le Var. Elles ne verront jamais le jour.

Paradoxalement, Haoun Tazieff, alors qu'il animait la prévention des risques et de l'environnement au côté d'Alain Carignon en tant que Conseiller Général de l'Isère, réussit à débloquer un million de francs pour installer un réseau de cinq stations en Rhône-Alpes pourtant reconnu comme étant une région à sismicité faible. Une enveloppe de cinq millions fut demandé par la suite pour la région P.A.C.A. sans succès.

Un peu moins coûteux, Tazieff a proposé, afin d'éduquer les enfants aux risques sismiques, que des affiches en forme de bande dessinée, soient distribuées dans les écoles, elles n'ont jamais vu le jour.

Autre échec, la presse locale du 18 octobre 1990, annonce la construction d'un centre de recherche sur les tremblements de terre. Le Conseil Régional puis Général ainsi que l'Etat financeraient la mise en place de ce centre. En mai 1993, coup de théâtre, le dossier est mis au placard puis abandonné par la suite.

Cette situation est bien regrettable, on aurait pu laisser sur la Côte d'Azur, une situation en amélioration pour les générations futures. Peut-être les dirigeants politiques devraient-ils réfléchir au fait que si l'on fait le calcul de la moyenne des intervalles qui séparent les séismes sur 700 ans, cet écart moyen est de l'ordre d'environ 100 ans. Or il ne s'est rien produit de grave depuis 1887, cela fait exactement 110 ans.

CONCLUSION

Si ces informations historiques paraissent parfois insuffisantes, voire contestables, elles sont tout de même essentielles pour la compréhension du phénomène sismique à travers les siècles dans notre région.
Au cours de cette rétrospective, il semblerait que le séisme du 23 février 1887 a représenté pour Nice, l'unique tremblement de terre destructeur connu sur une période de 1000 ans. A ma connaissance, aucun document historique n'a fait état de dégâts à Nice même et au-delà de 1000 ans, la sismicité historique demeure imprécise.
Les destructions causées par le dernier séisme ont été nombreuses dans certains quartiers sensibles mais ne furent point étendues à toute la ville. Ainsi ce n'est donc pas demain que Nice sera rayé de la carte.
Toutefois, il n'est pas exclu que dans un avenir plus ou moins proche, la réitération d'un semblable phénomène puisse à tout moment se répéter. Face à cette éventualité, il devient urgent de développer des campagnes de sensibilisation de la population, car le silence et l'ignorance ne font, bien au contraire, qu'entretenir un climat de peur. La réaction des gens lors d'un séisme peut avoir des conséquences dramatiques s'ils ne sont pas préparés. En effet, par simple erreur de comportement, le nombre de victimes pourrait dépasser celui causé directement par le tremblement de terre lui-même (chute de matériaux sur une foule paniquée, accidents de circulation, explosion due au gaz...). Il ne faut donc pas perdre de vue, qu'un public informé peut sauver des vies.

En 1887 à Menton et à Nice, des dizaines de personnes se sont réfugiées sur les plages, heureusement le raz de marée (tsunami) a été de faible amplitude. Imaginons le drame, s'il se serait produit la même catastrophe que celle du tremblement de terre de Lisbonne en 1755 où des vagues de 15 m balayèrent des centaines d'habitants venus chercher refuge au port et au bord de mer (64).

Il ne faut pas non plus négliger l'occupation dense des communes côtières des Alpes-Maritimes (2.514 habitants par kilomètre carré soit plus de 24 fois la moyenne nationale), au nombre croissant de personnes âgées peu aptes à affronter une situation précaire. Cela oblige dès maintenant, à envisager des mesures d'intervention spécifiques.

Après s'être doté depuis le 1er août 1994 des outils nécessaires à la protection des constructions à venir, il est maintenant indispensable de s'orienter vers le bâti existant.

La topographie des Alpes-Maritimes présente des éléments positifs et négatifs. La raideur des pentes et la nature des sols engendrent une relative instabilité des terrains qui sont affectés alors par des fluages ou de véritables et inquiétants mouvements. Le parasismique dans ces zones, demeure peu efficace. C'est la raison pour laquelle il conviendrait d'éviter d'accorder des permis de construire sur ces secteurs.

Lorsqu'on évoque la sismicité des Alpes-Maritimes, la crainte se porte immédiatement sur Nice et Menton à cause évidemment de la forte concentration humaine. Mais l'arrière pays niçois comporte un risque sismique beaucoup plus élevé que celui de Nice. En effet sans compter le séisme de 1887 dont l'épicentre était situé en mer Ligure, la vallée de la Vésubie a connu sur 700 ans au moins cinq séismes destructeurs le dernier en date eut lieu en 1644 cela fait donc un peu plus de 350 ans. Des mesures urgentes doivent être prises pour l'ensemble des villages de la Vésubie et du Valdeblore.

Sans attendre que des circonstances dramatiques viennent rappeler à l'homme qu'il ne saurait tout se permettre comme cela a été le cas avec les zones inondables, plus question d'ignorer les faits; seule une attitude courageuse des élus locaux et nationaux s'impose dès à présent.

REMERCIEMENTS

Ce travail a pu être en partie réalisé grâce au stage intensif proposé par la CUEBC de Ravello. Je tiens donc à remercier pour m'avoir invité à ce séminaire, ainsi que pour leur confiance qu'ils m'ont manifestée :
M. FERRIGNI Ferrucio, Ingénieur et Directeur des Programmes.
M. HELLY Bruno, Directeur de Recherche au CNRS Institut Fernand Courby Université Lumière Lyon 2.
M. RIDEAU Alain Architecte.
Tous trois membres du CUEBC, et Responsables du programme sur la vulnérabilité du bâti ancien dans les zones à risque sismique.

Je tiens à exprimer toute ma reconnaissance à Mme Emanuela GUIDOBONI de l'Institut d'Histoire Géophysique Ambiante de Bologna pour m'avoir offert le catalogue des "Forts Tremblements de Terre en Italie".

A M. Jean VOGT du B.R.G.M. père de la sismicité historique en France, qui m'a fait bénéficier de sa grande compétence. Ses méthodes de documentation et de travail m'ont été d'un précieux concours et m'ont servi d'exemple et de référence.

Cet ouvrage est largement redevable à Mme Nicole BETHOUX et M. Guy OUILLON qui m'ont accueilli dans le laboratoire sismologique de Monaco.

A M. Jacques DEVERCHERE, Maître de conférences au Centre d'Etudes et de Recherche Océanologique de Villefranche (C.N.R.S.) qui a été un interlocuteur attentif et disponible pour me faire part des travaux de recherche dans la région.

A la sympathique équipe de l'Institut Géodynamique de Sophia-Antipolis (C.N.R.S.) :
Mlle Anne DESCHAMPS, Mme Nicole BETHOUX, M. Stéphane GAFFET
A M. Jean-Pierre MENEROUD du Centre d'Etudes Techniques de l'Equipement (C.E.T.E.)
pour m'avoir tous, apporté leur précieux concours.

La réunion des éléments nécessaires à cet ouvrage, a demandé plusieurs années de recherches de documentation. Elle a été facilitée par le personnel :
– des Archives Départementales des Alpes-Maritimes
– des Archives Communales de Nice-Fabron et de Menton
– des Archives du Diocèse de Nice
– du Muséum d'Histoire Naturelle de Nice Barla
– de la Société Géologique de France à Paris
– de la Bibliothèque Interuniversitaire Scientifique de Jussieu; celle de la Sorbonne à Paris; du Musée de l'Homme Palais de Chaillot; des Chevaliers de Cessole au Musée Masséna et la Bibliothèque Municipale de Menton
– de la Faculté des Sciences à Marseille section sciences St Charles.

Mes remerciements tout particulièrement à l'Institut National Géophysique de Rome pour la gratuité des copies d'une importante et précieuse documentation.

Mes remerciements à M. Didier MOULLIN pour m'avoir fait confiance et qui a mis à ma disposition quarante-huit illustrations inédites sur plaques de verre du tremblement de terre de 1887. Je lui en sais gré.

A M. Paul-Louis MALAUSSENA, Vice-Président de l'Academia Nissarda, qui a toujours répondu à mes sollicitations.

Mes remerciements s'adressent aussi au personnel du Studio Beaumont à Nice, à M. Georges COIRON et Nathalie CHASSERIAU, qui ont mis tout leur talent dans la réalisation délicate des tirages photographiques.

BIBLIOGRAPHIE

01 - LE PETIT NIÇOIS : Extrait du journal du 24 février 1887 (Archives Départementales des Alpes-Maritimes).

02 - MEUNIER Stanislas : "Tremblement de terre du 23 février à Nice".
Volume 104 des comptes rendus de l'Académie des sciences p.611. (Bibliothèque Université de Provence Aix Marseille Section Sciences St Charles).

03 - L'ECLAIREUR DU LITTORAL : Extrait du journal du 24 février 1887 (Arch. Dép. des A.-M.).

04 - LE PETIT NIÇOIS : Extrait du journal du 25 février 1887 (Arch. Dép. des A.-M.).

05 - LE PETIT NIÇOIS : Extrait du journal du 4 mars 1887 (Arch. Dép. des A.-M.).

06 - LE PHARE DU LITTORAL : Extrait du journal du 24 février 1887 n°5809 24ème année. Fonds Louis Cappatti pro 139. (Bibliothèque des Chevaliers de Cessole Musée Masséna Nice).

07 - LE PETIT NIÇOIS : Extrait du journal du 26 février 1887 (Arch. Dép. des A.-M.).

08 - LE LITTORAL ILLUSTRE : Extrait du journal du 25 février 1887 (Arch. Dép. des A.-M.).

09 - L'ECLAIREUR DU LITTORAL : Extrait du journal du 1er mars 1887 (Bibliothèque des Chevaliers de Cessole Musée Masséna Nice).

10 - FIGUIER Louis : Revue "L'Année Scientifique et Industrielle" 31ème année 1887 Paris. (Société Géologique de France à Paris).

11 - L'ECLAIREUR DU LITTORAL : Extrait du journal du 25 février 1887. Fonds Louis Cappatti. (Bibliothèque des Chevaliers de Cessole Musée Masséna Nice).

12 - LE PETIT NIÇOIS : Extrait du journal du 10 mars 1887 (Arch. Dép. des A.-M.).

13 - SOUS-PREFECTURE : Situation dans les communes en date du 2 mars 1887 d'après les renseignements fournis par les gendarmeries et les mairies (Arch. Dép. des A.-M.).
14 - LE PETIT NIÇOIS : Extrait du journal du 27 février 1887 (Arch. Dép. des A.-M.).
15 - L'ECLAIREUR DU LITTORAL : Extrait du journal du 26 février 1887. Fond Louis Cappatti. (Bibliothèque des Chevaliers de Cessole Musée Masséna Nice).
16 - LE PETIT NIÇOIS : Extrait du journal du 2 mars 1887 (Arch. Dép. des A.-M.).
17 - Rapport de gendarmerie, Brigade de Puget-Théniers en date du 3 mars 1887. (Dos 1M 16164 à 16172 Arch. Dép. des A.-M.).
18 - GIROLAMO ROSSI : "Storia della Citta di Ventimiglia" Onéglia 1886 Forni Bologna 1973.
19 - GARINO Pierre-Robert : "Roccasparviera-Duranus", pp.123 et 124.
20 - L'ECLAIREUR DU LITTORAL : Extrait du journal du 28 février 1887 (Arch. Dép. des A.-M.).
21 - Rapport de gendarmerie, brigade de St Martin de Lantosque en date du 26 février 1887. (Dos 1M 16164 à 16172 Arch. Dép. des A.-M.).
22 - Dossier 16171 Archives Départementales des Alpes-Maritimes.
23 - DELSERRE Georges et TABARAUD : "Histoire des Contois", Collection Les Régionales, Editions Serre, 1986.
24 - LE PETIT NIÇOIS : Extrait du journal du 3 mars 1887 (Arch. Dép. des A.-M.).
25 - L'ECLAIREUR DU LITTORAL : Extrait du journal du 2 mars 1887 (Arch. Dép. des A.-M.).
26 - Rapport établi par le Maire du Broc le 1er mars 1887 sur les dégâts de la Commune (Arch. Dép. des A.-M.).
27 - LE PETIT NIÇOIS : Extrait du journal du 28 février 1887 (Arch. Dép. des A.-M.).
28 - LE JOURNAL DE GRASSE : Extrait du journal du 24 février 1887 76ème année n°8 (PR 464 Arch. Dép. des A.-M.).
29 - Rapport de gendarmerie, brigade de Bar-sur-Loup en date du 26 février 1887 (Dos 1M 16164 à 16172. Arch. Dép. des A.-M.).
30 - L'ECLAIREUR DU LITTORAL : Extrait du journal du 27 février 1887 (Arch. Dép. des A.-M.).
31 - DE LA RIVE R. : "Tremblement de terre du 23 février 1887"; Archives des Sciences Physiques Naturelles de Genève 3ème période, tome XVIII 1887, pp.312 et 313. (Société Géologique de France Paris).
32 - LA NATURE : Revue des Sciences quinzième année, 1er semestre (Bibliothèque Université de Paris).
33 - LE PETIT NIÇOIS : Extrait du journal du 1er mars 1887 (Arch. Dép. des A.-M.).
34 - Rapport de gendarmerie, brigade de Roquesteron en date du 27 février 1887. (Dos 1M 16164 à 16172).
35 - Rapport établi par la Mairie de Toudon sur les bâtiments en état de péril en date du 29 février 1887 (Arch. Dép. des A.-M.).
36 - Rapport de gendarmerie, brigade de Puget-Théniers en date du 28 février 1887. (Dos 1M 16164 à 16172).
37 - LE PETIT NIÇOIS : Extrait du journal du 21 mars 1887 (Arch. Dép. des A.-M.).
38 - LE LITTORAL ILLUSTRE : Extrait du journal du 4 mars 1887 (Arch. Dép. des A.-M.).

39 - DAREMBERG G. : "Le tremblement de terre du 23 février à Menton". Revue scientifique 3ème série, T XIII, 1er sem. 1887, pp.338 à 339. (Bibliothèque Institut de France Académie des Sciences Paris).
40 - ECKHORST Emilio : Revue des Sciences "La Nature" XVème année, 1er semestre 1887, p.283. (Bibliothèque Université de Paris).
41 - RESAL H. : Annuaire de la Société Météorologique de France T35 1887, p.254 (Bibliothèque Interuniversitaire Scientifique de Jussieu).
42 - ONIMUS : "Le tremblement de terre à Castillon". Revue Scientifique 3ème série, tome XIII, 1er semestre 1887, p.441 à 442. (Académie des Sciences Paris).
43 - Série U 2 bis dossier D (Arch. Munic. de Menton).
44 - Série U 2 bis dossier L (Arch. Munic. de Menton).
45 - Série U 2 bis dossier C (Arch. Munic. de Menton).
46 - LE PETIT NIÇOIS : Extrait du journal du 5 mars 1887 (Arch. Dép. des A.-M.).
47 - LITTORAL ILLUSTRE : Extrait du journal du 5 mars 1887 (Arch. Dép. des A.-M.).
48 - CHARLON A. : "Note sur le tremblement de terre du 23 février 1887". Bullettino del vulcanismo italiano, anno XIV p.18 à 23 (Société Géologique de France à Paris).
49 - ISSEL Arturio : "Il terremoto del 1887 in liguria". Société Géologique de France (63549) Paris.
50 - BOSIO Urbain : "La Province des Alpes-Maritimes", Nice 1902 (Bibliothèque Municipale de Menton).
51 - BOURRIAN Jean-Luc : "Bulletin de la Commission Météorologique, année 1988". Compilation d'anomalies météorologiques et autres catastrophes de 1094 à 1985. (Centre Départemental Météorologique Nice Côte d'Azur.
52 - MERCALLI Giuseppe : "I terremoti della Liguria e del Piemonte, Napoli 1897 (Instituto Nazionale de Geofisica de Roma).
53 - B.R.G.M. : n°59 p.206 et 217. (Laboratoire sismologique de Monaco).
54 - VOGT Jean : "Les tremblements de terre en France", Mémoire du B.R.G.M. n°96, 1979.
55 - VOGT Jean : "Le complexe de la crise sismique nissarde de 1564.
56 - LAUGERI Séraphin : "Tremble-terre à Toudon". Extrait de la revue culturelle bilingue nissart français "Lou Sourgentin" numéro d'octobre 1979.
57 - CAPPONI G. EVA C. MERLANTI F. : "Il terremoto del 23 febbraio 1887 in liguria occidentale". Accademia ligure di Scienze e lettere vol. XXXVII, 1980. Laboratoire sismologique de Monaco.
58 - LE LITTORAL ILLUSTRE : Extrait du journal du samedi 26 février 1887. (Archives Départementales des Alpes-Maritimes).
59 - AGAMENNONE G. e CAVASINO A. : "Il terremoto nella riviera d'occidente del 23 febbraio 1887". Memorie del R. Ufficio Centrale di Meteorologia e geofisica Roma serie III - volume III, anno IX, 1931. (Istituto Nazionale di geofisica di Roma).
60 - OTTO : "Extrait d'une lettre de Nice en date du 26 février 1887". Revue des Sciences La Nature, XVème année, 1887, 1er semestre, p.211. (Bibliothèque de la Sorbonne Université de Paris).
61 - HERON D. : "Tremblement de terre du 23 février 1887". Récit transmis à la revue des Sciences La Nature, XVème année, 1887, 1er semestre p.232 à 234. (Bibliothèque de la Sorbonne Université de Paris).
62 - Rapport de gendarmerie, brigade de Vence en date du 28 février 1887 concernant la commune du Broc (Dos 1M 16164 à 16172).

63 - MINISTRE DE LA GUERRE : Extraits de divers rapports du service local du Génie sur les effets du tremblement de terre du 23 février 1887. Volume 104 des comptes rendus de l'Académie des Sciences, 1887, p.884 à 887. (Bibliothèque Université de Provence Aix-Marseille section sciences St Charles).
64 - FLAMMARION Camille : "Les tremblements de terre et leurs causes". Revue l'Astronomie, p.121 à 142, avril 1887. (Bibliothèque de l'Institut de France Académie des Sciences).
65 - I.N.S.E.E. Marseille : Recensement de la population des Alpes-Maritimes année 1877.
NICE-MATIN : du samedi 9 mars 1991, recensement de la population des Alpes-Maritimes, années 1982-1990.
66 - NICE-MATIN : du samedi 20 juillet 1963 "La terre a tremblé sur le littoral méditerranéen ainsi qu'en Italie et en Corse". 18ème année n°5821 (service documentation de Nice-Matin).
67 - LE RISQUE SISMIQUE DANS LE SUD-EST DE LA FRANCE : Sous la direction de Bertrand Fenet. Editions Edisud, 1981.
68 - NICE-MATIN : du jeudi 28 décembre 1989 "Les leçons d'une secousse". Edition Antibes-Cagnes-Vence.
69 - NICE-MATIN : du mardi 17 avril 1990. "Légère secousse tellurique de Nice à Menton".
70 - NICE-MATIN : du samedi 13 mai 1995. "Une centaine de répliques au séisme du 21 avril 1995". Article de Thierry Rivière.
71 - L'EVEIL : Extrait du journal du 2 juillet 1927. Fond Louis Cappatti. (Bibliothèque des Chevaliers de Cessole Musée Masséna à Nice).
72 - MUSSO Jean, Félix et Auguste : "Roquebillière notes d'Histoire". Editions Serre, 1981.
73 - MARTEL J.B. : "Histoire de Châteauneuf de Contes". Editions Serre, Collection Les Régionales.
74 - FLAMMARION Camille : "Les tremblements de terre et leurs causes". Revue l'Astronomie, p.121 à 142, avril 1887. (Bibliothèque de l'Institut de France Académie des Sciences à Paris).
75 - MAZE C. : "Les tremblements de terre". Revue des Sciences "le Cosmos", tome VII, nouvelle série 36ème année 1887. (Société Géologique de France à Paris).
76 - ISSEL Arturo : "Le tremblement de terre du 23 février 1887 observé dans les tunnels de la Ligurie". Bulletin de la société belge de géologie n°1 1887. (Bibliothèque Interuniversitaire Scientifique de Jussieu).
77 - LANCASTER A. : "Le tremblement de terre du 23 février 1887". Bulletin de l'Académie Royale de Belgique, 3ème série, tome XIII, 1887, p.318 à 319. (Bibliothèque de l'Observatoire de Paris).
78 - LAMBERT Jérôme / LEVRET-ALBARET Agnès : "Mille ans de séismes en France". Catalogue d'épicentres paramètres et références. Ouest Editions Presses Académiques.
79 - NICE-MATIN : du vendredi 27 juin 1997. "Le haut pays a tremblé". Article de Gérard Tinelli.

TABLE DES MATIÈRES

Achevé d'imprimer
le 20 janvier 1998
sous les presses de Serre,
éditeur à Nice.

Imprimé en France
Dépôt légal : janvier 1998